丙種　危険物取扱者試験

合格テキスト

解　答

第１章　燃焼・消火に関する基礎知識

1. 物質の状態変化・熱 (p.2)

1-【1】(1)　略

2-【1】(4)　略

p.5
3-【1】(4)

		膨張率
鉄	→ 固体 →	極めて小さい
灯油	→ 液体 →	小さい
水	→ 液体 →	小さい
ガソリン蒸気	→ 気体 →	大きい

3-【2】(3)　略

3-【3】(4)　略

2. 燃焼に関する基礎知識 (p.6)

1-【1】(4)　略

1-【2】(1)　酸素と空気は同じ要素，可燃物がない。

1-【3】(2)　略

1-【4】(3)　酸素は不燃性である。

1-【5】(4)　一酸化炭素は可燃物である。

p.9
2-【1】(1)　略

2-【2】(2)　略

2-【3】(1)　略

2-【4】(4)　硫黄 → 蒸発燃焼　木材 → 分解燃焼
都市ガス → 混合燃焼

2-【5】(4)　コークス → 表面燃焼　紙 → 分解燃焼
石炭 →分解燃焼

p.11
3-【1】(2)　液体ではなく蒸気

3-【2】(2)　略

3-【3】(4)　略

3-【4】(4)　(1)　$95\ell \div (95\ell + 5\ell) = 0.95 = 95\%$
(2)　$90\ell \div 100\ell = 0.9 = 90\%$
(3)　$50\ell \div 100\ell = 0.5 = 50\%$
(4)　$5\ell \div 100\ell = 0.05 = 5\%$
(4)が燃焼範囲内であるので，燃える。

p.12
4-【1】(1)　略

4-【2】(1)　略

4-【3】(3)　略

p.13
5-【1】(2)　略

5-【2】(2)　略

5-【3】(1)　略

p.14
6-【1】(4)　略

6-【2】(1)　略

p.15
7-【1】(2)　略

7-【2】(4)　可燃性蒸気の発生が少ないので燃えにくい

7-【3】(2)　略

p.17
8-【1】(4)　略

8-【2】(3)　略

8-【3】(2)　略

8-【4】(4)　略

8-【5】(2)　略

8-【6】(1)　略

8-【7】(3)　略

8-【8】(1)　略

8-【9】(4)　略

3. 消火に関する基礎知識 (p.19)

1-【1】(4)　除去消火とは，可燃物を取り除いて消火する方法である。

1-【2】(1)　(2)は窒息消火　(3)は冷却消火
(4)は除去消火

1-【3】(4)　(4)は窒息消火。

1-【4】(3)　略

1-【5】(3)　略

p.22
2-【1】(1)　(2)は窒息，抑制効果　(3)は冷却効果
(4)は窒息，抑制効果

2-【2】(2)　(1)，(3)，(4)は窒息消火。

2-【3】 (2) 略

2-【4】 (1) 略

2-【5】 (1) ハロゲン化物消火剤は抑制効果が大きい

2-【6】 (1) 略

2-【7】 (4) 略

2-【8】 (1) 略

2-【9】 (3) 油類の消火には水は不適当である。

2-【10】 (4) 略

第2章 危険物の性質並びにその火災予防及び消火の方法

1. 危険物の共通する性状 (p. 26)

1-【1】 (2) 略

1-【2】 (1) 略

1-【3】 (4) 引火点が低いほど，低温で引火するので危険性は大である。

1-【4】 (4) 霧状にすると，空気との接触面積が大きくなるため火がつきやすくなる。

1-【5】 (2) 略

1-【6】 (4) 水に溶けないものが多いがグリセリンのように水溶性の危険物もある。

p. 30

2-【1】 (1) 危険物は，低い温度の場所で取り扱い，蒸気の発生を防ぐこと。

2-【2】 (4) ・蒸気は空気より重く低所に滞留する。
・低所に滞留した蒸気は屋外の高所に排出する。

2-【3】 (2) 石油類は引火性の液体であり，火気により引火又は爆発の危険性がある。

2-【4】 (3) 可燃性液体の蒸気は空気より重いので(3)が正しい。

2-【5】 (3) 略

2-【6】 (3) 通風，換気を行い，燃焼範囲の下限値より低くする。

2-【7】 (4) 体膨張を考慮する。

2-【8】 (1) 密栓をして蒸気の漏れを防ぐ。

2-【9】 (3) 略

2-【10】 (1) 静電気火花がガソリンに引火しないようにする。

2-【11】 (3) 注油をするときに流速を速くすると静電気を発生するので危険である。

2-【12】 (2) 略

2-【13】 (1) 略

2-【14】 (2) ガソリンの蒸気は空気より重いので，低所に滞留し，広範囲に広がる。

2-【15】 (3) 略

2-【16】 (4) 流速を早めると静電気が発生するので，ゆっくりと抜き取る。

2-【17】 (3) ・ポリ容器に入れるガソリンの最大容量は10ℓである。
・自動車ガソリンはオレンジ色。
・灯油は無色又は淡黄色。

2-【18】 (4) p.29参照

2. 丙種 取り扱う危険物の性状 (p.34)

p.34 *1.* ガソリン

1-【1】 (3) 略

1-【2】 (2) 蒸気が燃焼範囲内にあるときのみ引火するので，自然発火はしない。

1-【3】 (4) 略

1-【4】 (2) 燃焼範囲は1.4～7.6〔vol%〕。

p.35 *2.* 灯油

2-【1】 (1) 略

2-【2】 (2) 略

2-【3】 (4) ガソリン，灯油，軽油などは電気の不導体であり，静電気が帯電しやすい。

2-【4】 (1) 引火点は40〔℃〕以上なので，常温では引火しない。

2-【5】 (3) 略

p.36 *3.* 軽油

3-【1】 (3) ガソリンの引火点は−40〔℃〕
軽油の引火点は45〔℃〕でガソリンの方が低温で引火する。

3-【2】 (2) 略

3-【3】 (3) 略

3-【4】 (3) p.29参照

p.37 *4.* 重油（第3石油類）

4-【1】 (3) 略

4-【2】 (4) 略

4-【3】 (2) 略

4-【4】 (1) 粘性がある液体である。

4-【5】 (2) 略

p.39 *5.* 第4石油類

5-【1】 (2) 水より重いものもあるが一般には水より軽い。

5-【2】 (3) グリセリンは無臭である。

5-【3】 (1) シリンダー油の比重は0.95

5-【4】 (3) 略

5-【5】 (3) 略

p.41 *6.* 動植物油類

6-【1】 (3) 引火点は250〔℃〕未満

6-【2】 (1) 略

6-【3】 (2) 略

6-【4】 (4) 乾性油の方がヨウ素価が大きく自然発火しやすい。

6-【5】 (4) p.14参照

6-【6】 (3) 繊維や紙にしみ込むと酸化され，酸化熱が発生する。
(1) (2) (4) は酸化熱が発生しない。

総合問題

p.43

【1】 (4) グリセリンは第3石油類

【2】 (4) オレンジ色に着色されているものはガソリン。

【3】 (4) ガソリンの引火点は−40〔℃〕で，最も低い。

【4】 (2) 灯油の引火点は40〔℃〕以上
軽油の引火点は45〔℃〕以上
重油の引火点は60～150〔℃〕なので
20〔℃〕で引火するものはガソリンのみ

【5】 (4) p.29参照

【6】 (4) 略

第３章 危険物に関する法令

1．危険物取扱者 (p. 46)

1-【1】(1)　灯油，重油，ガソリン，軽油

1-【2】(1)　略

1-【3】(4)　丙種危険物取扱者は立会う権限がない。

1-【4】(1)　略

1-【5】(1)　略

1-【6】(3)　都道府県知事は，危険物取扱者が消防法令に違反しているときは，免状の返納を命ずることができる。

p. 50

2-【1】(1)　免状は更新する必要はない。

2-【2】(2)　略

2-【3】(3)　略

2-【4】(1)　勤務先は免状の記載事項に関係しない。

2-【5】(3)　略

p. 52

3-【1】(4)　略

3-【2】(3)　略

3-【3】(3)　略

3-【4】(2)　略

2．製造所等の保安体制 (p. 53)

1-【1】(1)　略

p. 54

2-【1】(3)　略

2-【2】(3)　略

p. 56

3-【1】(4)　略

3-【2】(4)　略

3-【3】(4)　点検記録は，一定の期間（3 年間）保存することが義務づけられている。

3-【4】(4)　略

3．危険物と法令 (p. 57)

1-【1】(3)　略

1-【2】(3)　灯油，軽油は第 2 石油類

1-【3】(4)　略

p. 59

2-【1】(2)　略

2-【2】(2)　重油の指定数量は 2,000 ℓ

2-【3】(4)

		指定数量	
(1)	動植物油類	10,000 ℓ	20,000÷10,000＝2
(2)	灯　油	1,000 ℓ	2,000÷ 1,000＝2
(3)	ガソリン	200 ℓ	600÷ 200＝3
(4)	重　油	2,000 ℓ	4,000÷ 2,000＝2

2-【4】(3)　2000÷200＝10

2-【5】(1)　略

2-【6】(4)　(1)　1000÷1000＋500÷200＝3.5

(2)　2000÷1000＋3000÷1000＝4

(3)　500÷200＋3000÷6000＝2.5

(4)　3000÷2000＋3000÷1000＝4.5

2-【7】(3)　2000÷200＋2000÷1000＋4000÷1000＝16.0

2-【8】(4)　1000÷200＝5　6−5＝1 が貯蔵できる

(1)　1000÷200＝5

(2)　2000÷1000＝2

(3)　1500÷1000＝1.5

(4)　1500÷2000＝0.75

0.75＜1 なので(4)が正しい。

2-【9】(1)　灯　油　300÷1,000＝0.3

重　油　400÷2,000＝0.2

ガソリン　300÷200＝1.5

0.3＋0.2＋1.5＝2.0 倍

2-【10】(3)　危険物 A　100÷200＝0.5

危険物 B　500÷1,000＝0.5

危険物 C　3,000÷2,000＝1.5

0.5＋0.5＋1.5＝2.5 倍

p. 61

3-【1】(4)　略

3-【2】(3)　略

4. 製造所等の各種の手続き (p. 62)

1-【1】(4)　略

1-【2】(2)　略

1-【3】(2)　略

1-【4】(3)　設置許可を受けた後に工事に着手する。

1-【5】(2)　略

p. 64

2-【1】(4)　略

2-【2】(4)　略

5. 危険物の規制に関する政令・規制 (p. 65)

p. 66

1-【1】(1)　略

1-【2】(1)　略

1-【3】(4)　屋外貯蔵所は屋外の場所において，第4類のうち第1石油類（**引火点が0〔℃〕以上のもの**），などを貯蔵し，又は取扱う施設である。ガソリンは引火点が−40〔℃〕以下なので貯蔵できない。

1-【4】(2)　略

p. 67

2-【1】(1)　略

2-【2】(2)　略

2-【3】(3)　略

p. 68

3-【1】(3)　略

3-【2】(4)　略

3-【3】(2)　略

p. 71

4-
5-【1】(3)
6-

・窓及び出入り口は防火戸等を設けること。

・窓及び出入り口にガラスを用いる場合は網入りガラスとする。

p. 73

7-【1】(2)　掲示板は「火気厳禁」

7-【2】(2)　略

7-【3】(1)　給油するときは，自動車等のエンジンを停止し，固定給油設備を使用して直接給油する。

7-【4】(3)　給油するときは，原動機を停止する。

p. 76

8-【1】(1)　耐火構造，不燃材料で造った建築物の1階にも常置できる。

8-【2】(4)　略

8-【3】(4)　休憩のときは，安全な場所を選ぶ。市町村長の承認は必要ない。

8-【4】(2)　長時間にわたる移送の場合に2名以上の運転要員が必要である。

8-【5】(4)　移送する場合は届け出る必要はない。

8-【6】(3)　できるだけすみやかに回収する。

p. 79

9-【1】(2)　略

9-【2】(4)　略

9-【3】(1)　略

9-【4】(1)　運搬に際して消防機関に通報する義務はない。

9-【5】(2)　危険物取扱者は同乗しなくてよい。

p. 81

10-【1】(4)　略

10-【2】(4)　みだりに火気を使用しない。

10-【3】(4)　安全な所で危険物を完全に除去した後に行う。

10-【4】(1)　略

10-【5】(3)　危険物は下水，海，河川に流したり廃棄してはいけない。

p. 83

11-【1】(2)　略

11-【2】(2)　管理者の氏名ではなく保安監督者氏名又は職名

p. 85

12-【1】(2)　略

12-【2】(2)　略

12-【3】(1)　略

12-【4】(1)　略

12-【5】(4)　乾燥砂は第5種の消火設備である。

12-【6】(4)　略

p. 87

13-【1】(4)　略

13-【2】(3)　略

第１回　模擬試験 解 答

1. 危険物に関する法令 (p.90)

[問1] (2) p.61 参照

[問2] (3) p.58 参照

ガソリン → 300ℓ÷200ℓ=1.5

灯　　油 → 2500 ℓ÷1000 ℓ=2.5

重　　油 → 2000 ℓ÷2000 ℓ=1

1.5+2.5+1=5

[問3] (1) p.62・54 参照

(2) 製造所等を譲り受けるとき。
→ 市町村長に届出

(3) 製造所等の用途を廃止するとき。
→ 市町村長に届出

(4) 予防規程を変更するとき。
→ 市町村長の認可を受ける

[問4] (2) p.46 参照

(1) 危険物保安監督者になることはできない。

(3) 立ち会いは出来ない。

(4) 定期点検はできる。

[問5] (2) p.69 参照

可燃性蒸気は屋外の高所に排出する。

[問6] (2) p.75 参照

[問7] (3) p.78 参照

[問8] (4) p.84 参照

第３種の消火設備は

・水蒸気・水噴霧消火設備

・泡消火設備

・二酸化炭素消火設備

・ハロゲン化物消火設備

・粉末消火設備

などがある。

[問9] (1) p.80 参照

残存している危険物を完全に除去した後に行う。

[問10] (1) p.62 参照

設置許可を受けた後に着工する。

2. 燃焼及び消火に関する基礎知識 (p.92)

[問11] (1) p.8 参照

[問12] (2) p.6 参照

[問13] (3) p.12 参照

可燃性液体が引火するのに十分な濃度の蒸気を液面上に発生させる最低温度が40〔℃〕である。

[問14] (4) p.10 参照

[問15] (4) p.19 参照

(1) → 窒息消火　　(2) → 冷却消火

(3) → 除去消火

3. 危険物の性質並びにその火災予防及び消火の方法 (p.93)

[問16] (1) p.14・41 参照

自然発火するものは，一部である。

[問17] (4) p.21 参照

[問18] (2) p.28 参照

[問19] (2) p.16 参照

タンクに注入するときは注入速度を遅くして静電気を発生させない。

[問20] (3) p.34 参照

ガソリンの燃焼範囲は1.4%～7.6%容量である。

[問21] (3) p.34 参照

[問22] (4) p.34・37 参照

軽油の引火点45〔℃〕以上でガソリンの−40〔℃〕以下より高く，常温より高い。

[問23] (4) p.34 参照

重油の液比重は0.9 ～ 1.0で１よりやや小さく非水溶性である。

[問24] (1) p.34・40 参照

[問25] (4) 略

第2回　模擬試験 解 答

1. 危険物に関する法令 (p. 95)

［問 1］(4)　p.65 参照

［問 2］(1)　p.26・34・46 参照

ガソリン・重油・灯油・潤滑油・軽油

［問 3］(2)　p.58 参照

(1) ガソリンの指定数量は 200 ℓ

200 ℓ×2 本=400 ℓ　　誤り

(2) 灯油の指定数量は 1,000 ℓ

200 ℓ×5 本=1,000 ℓ　　正しい

(3) 重油の指定数量は 2,000 ℓ

200 ℓ×15 本=3,000 ℓ　　誤り

(4) ナタネ油の指定数量は 10,000 ℓ

200 ℓ×30 本=6,000 ℓ　　誤り

［問 4］(2)　p.75 参照

［問 5］(2)　p.72 参照

自動車等は給油空地からはみ出さない。

［問 6］(2)　p.55 参照

定期点検の実施者は、

- 危険物取扱者
- 危険物施設保安員
- 危険物取扱者の立会いがあれば危険物取扱者以外の者でも行なえる。

［問 7］(1)　p.61・62・75 参照

製造所等の設置と位置，構造又は設備の変更は市町村長等の許可が必要である。

［問 8］(2)　p.49 参照

［問 9］(3)　p.67 参照

［問 10］(2)　p.71 参照

地下タンク貯蔵所には，第 5 種の消火設備を 2 個以上設置する。

2. 燃焼及び消火に関する基礎知識 (p. 95)

［問 11］(1)　p.13 参照

［問 12］(3)　p.6 参照

酸素・空気は酸素供給源で可燃物がない。

［問 13］(1)　p.16 参照

物体を絶縁すると電気の逃げる場所がないので，帯電し，蓄積される。

［問 14］(4)　p.15 参照

熱伝導率が大きいと熱が一ヶ所にとどまらないため，燃えにくい。

［問 15］(1)　p.19 参照

3. 危険物の性質並びにその火災予防及び消火の方法 (p. 98)

［問 16］(4)　p.26 参照

［問 17］(4)　p.16 参照

電気の伝導性の良い衣服を着用する。

［問 18］(1)　p.28 参照

可燃性液体の蒸気は低所に滞留するので，危険なため通風，換気をよくする。

［問 19］(2)　p.80 参照

［問 20］(1)　p.34 参照

ガソリンの引火点は −40〔℃〕以下なので，−10〔℃〕で引火する。

［問 21］(3)　p.34 参照

軽油の引火点は 45〔℃〕以上なので常温 (20〔℃〕) より高い

［問 22］(4)　p.34 参照

(1) ガソリンと灯油が混ざると，ガソリンと同じ危険性がある。

(2) 繊維製品にしみ込んだものは容易に火がつくので危険である。

［問 23］(3)　p.34 参照

［問 24］(1)　p.36 参照

灯油はガソリンと比べてやや揮発しにくい。

［問 25］(1)　p.34 参照

丙種　危険物取扱者試験
合格テキスト

資格試験研究会 編

梅 田 出 版

は し が き

危険物取扱者試験は，財団法人消防試験研究センターが試験機関の指定を受け，試験問題も全国統一的に作成され，実施されています。

そこで，試験に照準を合わせて，「危険物取扱者」の資格取得を目指している皆さんに**“誰でもわかる”**そして**“必ず合格する”** テキストとして本書を刊行しました。

受験勉強をする時に最も大事なことは，どういう問題がどういう形式で出題されているかを知ることです。このことから，本書は最新の出題傾向をつぶさに分析し，これに合った内容を整理し，解りやすく解説しています。

本書の特長

・過去に出題された問題が整理され，効率よく学習できる。

・初めて受験する人でも理解できるように多くの図や表を取り入れ，また要点をしぼって解りやすく解説した。

本書が危険物取扱者の資格をめざす方に活用され，合格の栄冠を手にされることを切望いたします。

編者しるす

もくじ

第１章
燃焼及び消火に関する基礎知識

第２章
危険物の性質並びにその火災予防及び消火の方法

第３章　危険物に関する法令

受験案内

1. 危険物取扱者試験は都道府県知事から委任された消防試験研究センター道府県支部（東京都は中央試験センター）で実施されています。

2. 試験の日時・会場等はその都度公示されますが，詳しいことは，

・（財）消防試験研究センターの Web ページ（http://www.shoubo-shiken.or.jp/）

・センター各支部の窓口

でご確認ください。

3. **受験資格**

受験資格の制限はありません。

4. **試験科目および出題数**

①	危険物に関する法令	出題数　10 題
②	燃焼及び消火に関する基礎知識	5 題
③	危険物の性質並びにその火災予防及び消火の方法	10 題

合格基準は①～③の各科目 60 点以上。

5. 解答時間

1 時間 15 分

6. **試験の方法**

筆記試験　　マーク・カードで 4 肢択一式です。

第1章

燃焼及び消火に関する基礎知識

1.　物質の状態変化・熱

1. 物質の状態変化

物質の状態には，**固体**，**液体**，**気体**がある。この3つの状態を**物質の三態**という。
同じ物質でも圧力や温度が変わると**固体**，**液体**，**気体**と変化する。

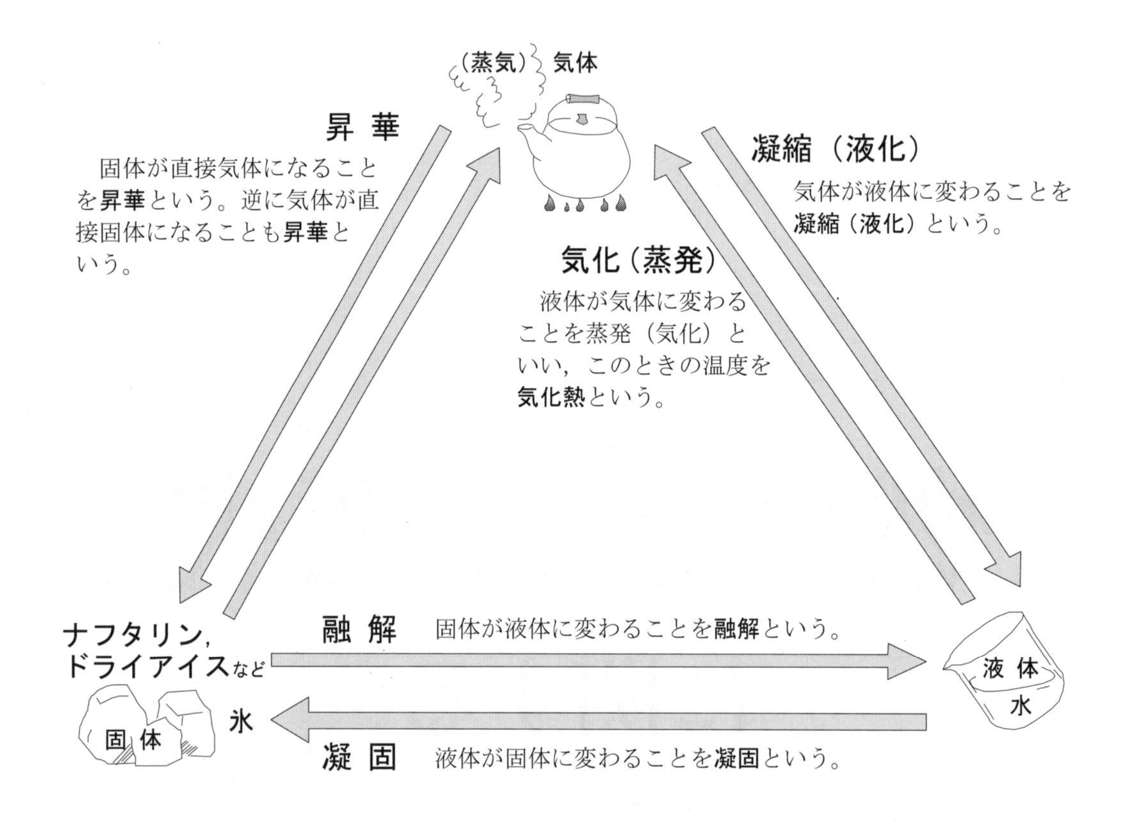

沸　点

①　**沸点**とは液体の**飽和蒸気圧**が外圧と等しくなるときの液温。

②　水の沸点は100〔℃〕

③　沸点が低いものは可燃性蒸気の放散が容易となり，引火の危険性が高い。

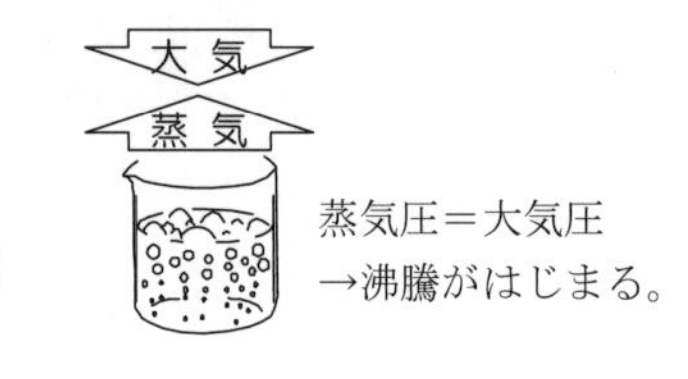

練習問題

【1】　液体が気体に変わるとき必要な熱は，次のうちどれか。

(1)　気化熱
(2)　生成熱
(3)　溶解熱
(4)　燃焼熱

2. 熱の移動

熱の移動の仕方には，**伝導**，**対流**，**放射**（ふく射）の３つがある。

熱せられた物体が放射熱を出して，物質を媒介することなく他の物体に熱を与える現象を**放射**という。また，そのときに放射される熱を**放射熱**という。

・放射熱は，白いものは反射されやすく，黒いものには吸収されやすい。

例　・放射熱を反射させ，油温の上昇を防止するため，石油タンクは銀白色に塗装されている。

・焚き火は離れていても暖かい。

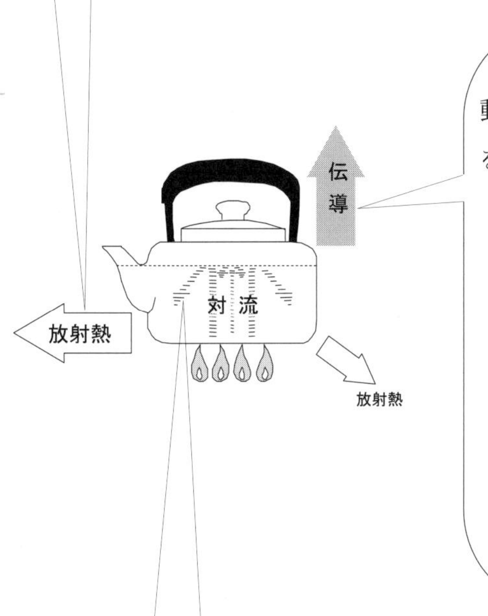

熱が物質中を伝って高温部から低温部へ移動することを**伝導**という。この伝導の度合いを表す数値を**熱伝導率**という。

・熱伝導率の大きな物質は熱を伝えやすい。

・熱伝導率が小さいものほど燃えやすい。

物　質	**熱伝導率**
金　　属	大きい
固体・液体	小さい
気　　体	極めて小さい

例　・熱湯を入れた湯呑茶碗の外側が熱くなる。

・アイロンの熱が布に伝わる。

液体や気体は加熱すると，温度が高くなり，膨張し，軽くなって上昇する。温度の低い部分は重いため，下降する。このように温度差によって生ずる流動を**対流**という。

例　・ストーブの火で部屋が暖められる。

・やかんの湯が沸く。

・火事場風

練習問題

【1】　熱伝導率が最も小さい物質は，次のうちどれか。

(1)　鉄　　(2)　灯油　　(3)　木炭　　(4)　空気

3. 熱膨張

一般に，物体に熱を加えると長さや体積が増加する。この現象を**熱膨張**という。また，膨張の度合いを**膨張率**といい，次のような傾向がある。

	膨張率
気体（ガス，蒸気等） →	大きい
液体（水，石油等） →	小さい
固体（木材，金属等） →	極めて小さい

1. 固体の膨張

温度の上昇によって，長さが伸びる**線膨張**と，体積が膨張する**体膨張**がある。

2. 液体の膨張

液体の膨張は体膨張である。

タンクや容器に空間容積を必要とするのは，収納された物質の体膨張による容器の破損を防ぐためである。

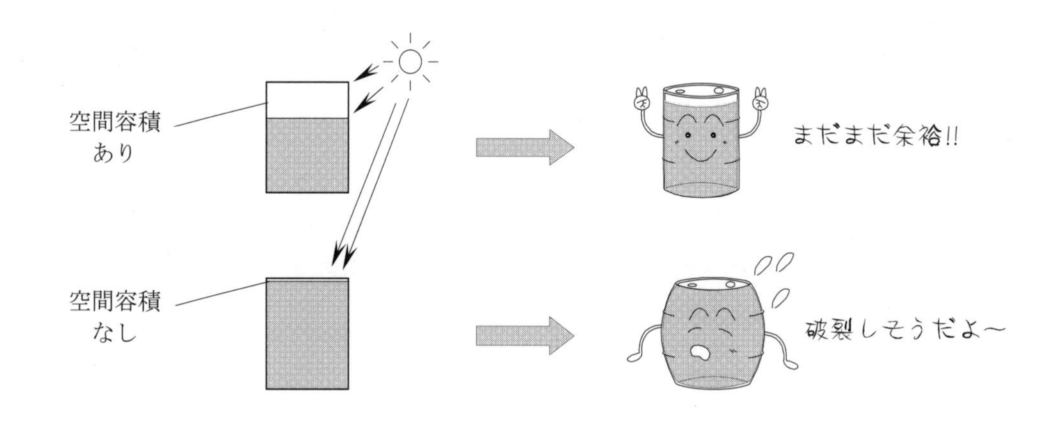

タンクや容器の転倒による，危険物の漏れと，危険物の膨張による流出を防ぐために口栓をゆるめて貯蔵，運搬することは禁止されている。

練習問題

【1】　体膨張が最も大きい物質は，次のうちどれか。

(1)　鉄

(2)　灯油

(3)　水

(4)　ガソリン蒸気

【2】　タンクや容器に液体の危険物を入れる場合，空間容積を必要とするのは，どの現象と最も関係があるか。

(1)　酸化

(2)　蒸発

(3)　体膨張

(4)　熱伝導

【3】　油類を容器に詰める場合には，上部に若干の空間を残さなければならないとされているがその理由として次のうち正しいものはどれか。

(1)　他の容器に移すときに，不便だから。

(2)　運搬するときに，重すぎるから。

(3)　容器が転倒したときに，漏洩しやすいから。

(4)　外気温の上昇などで内容物が膨張したときに，容器が破損のおそれがあるから。

2.　燃焼に関する基礎知識

燃焼とは，**「熱と光の発生を伴う酸化反応」**である。

1. 燃焼の3 要素

物質が燃焼するためには，**①可燃物**，**②酸素供給源**，**③点火源**の3要素が必要であり，このうちどれか1つが欠けても燃焼しない。

普通の燃焼には酸素が必要である。空気中には約21〔%〕の酸素が含まれ，一般的には空気が酸素供給源であるが，第1類・第5類の危険物や，セルロイドなどは，酸素を多く含んでおり空気がなくても燃える。

・酸素濃度を高くすれば燃焼は激しくなる。

・空気中の酸素が一定濃度（約15〔%〕）以下になれば燃焼は停止する。

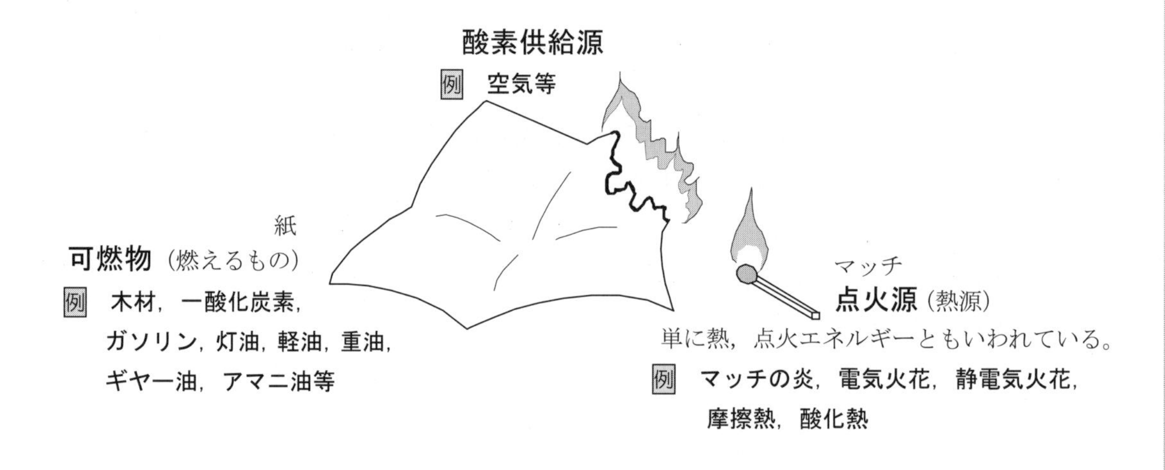

空　気	①　酸素と窒素の混合物 ③　**窒素** 約78〔%〕　※不燃性ガス，燃焼には無関係	②　酸素 約21〔%〕
酸　素	①　無色，無臭 ③　酸素自身は燃焼しない	②　比重1.1（空気より重い） ④　支燃性を有する（**不燃性**）
一酸化炭素	①　無色無臭の有害な気体 ②　**可燃物**で，無煙の青白い炎をあげて燃焼し，二酸化炭素になる ③　**一般に有機物が不完全燃焼したときに生成する**	
二酸化炭素	**不燃物**（消火剤としての二酸化炭素は，放射することにより，燃焼部分周辺の酸素濃度を低下させて消火する。）	

練習問題

【1】　次の文の（　）内の A～C に当てはまる語句の組合せはどれか。
「燃焼とは，（ A ）と（ B ）を伴う（ C ）反応である。」

	A	B	C
(1)	発熱	火	分解
(2)	水	発　光	蒸発
(3)	発煙	二酸化炭素	還元
(4)	発熱	発　光	酸化

【2】　次の組合せのうち，燃焼の 3 要素を満たしていないものはどれか。

(1)	酸素	電気火花	空気
(2)	灯油	空気	マッチの炎
(3)	空気	軽油	赤熱した鉄板
(4)	酸素	ガソリン	静電気火花

【3】　物が燃えるためには 3 つの要素が必要であるが，この要素のいずれにも該当しないものは，次のうちどれか。

(1)　可燃性物質
(2)　窒素
(3)　空気
(4)　熱

【4】　酸素について，次のうち誤っているものはどれか。

(1)　通常，無色無臭の気体である。
(2)　空気中に約 21〔%〕(容量) 含まれている。
(3)　非常に燃えやすい物質である。
(4)　支燃性がある。

【5】　燃焼について，次のうち誤っているものはどれか。

(1)　燃焼するためには，可燃物，酸素供給源，点火源の 3 要素が必要である。
(2)　静電気の放電火花は点火源となる。
(3)　物質と酸素が化合し，熱と光を発生する反応を燃焼という。
(4)　燃焼の際に発生する一酸化炭素は不燃物である。

2. 燃焼の形態

気体の燃焼

混合燃焼　最初から可燃性の気体と空気とを混合させてこれを噴出燃焼させる。

例　都市ガスの燃焼
　　プロパンガスの燃焼

非混合燃焼　可燃性の気体を空気中に噴出させ，可燃性の気体と大気中の空気とをその直後に混合させて拡散燃焼させる。

例　ガソリンエンジンの起動

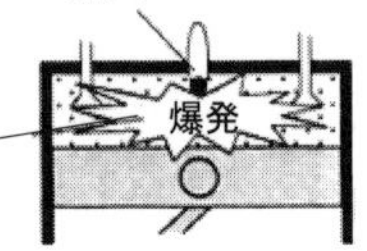

液体の燃焼

蒸発燃焼　**液体の表面から発生する蒸気（可燃性蒸気）が空気と混合して燃焼する。**

例　ガソリン，灯油

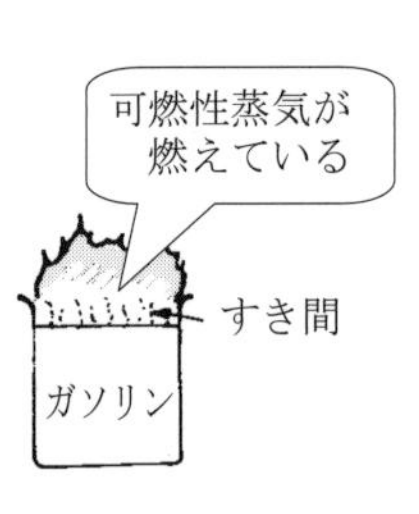

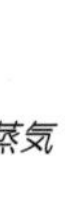

可燃性液体の蒸気

- 無色
- 特有の臭気
- 目に見えない
- 空気より重いので，低所に滞留する

固体の燃焼

表面燃焼　木炭，コークス等の可燃性固体が熱分解や蒸発をせずに，固体の表面から高温を保ちながら酸素と反応して燃焼する。

分解燃焼　木材，石炭等の可燃性固体が熱分解し，そこで生じる可燃性ガスが燃焼する。

内部（自己）燃焼　セルロイド，火薬類は分解して酸素を放出し，外部から酸素を供給されなくても燃焼が続く。

蒸発燃焼　硫黄，固形アルコール等の可燃性固体が熱分解を起こさず，固体から蒸発した蒸気が燃焼する。

練習問題

【1】　可燃性液体の蒸気について，次のうち誤っているものはどれか。

(1)　一般に空気より軽い。

(2)　目には見えない。

(3)　空気との混合濃度が低すぎても高すぎても燃焼しない。

(4)　液温が高くなると蒸気の発生量も多くなる。

【2】　可燃性液体の燃焼の仕方として，次のうち正しいものはどれか。

(1)　液体の表面で空気と接触しながら液体のまま燃える。

(2)　液体の表面から発生する蒸気が空気と混合して燃える。

(3)　液体の内部に空気を吸収しながら燃える。

(4)　液体の内部で燃焼が起こり，その燃焼生成物が炎となって液面上に出る。

【3】　可燃物とその燃え方の組合せで，次のうち正しいものはどれか。

(1)　灯　　油‥‥ 液面から蒸発する可燃性蒸気が燃焼する。

(2)　木　　材‥‥ 木材中に含まれている炭素が分離拡散して燃焼する。

(3)　石　　炭‥‥ 熱により分解も蒸発もしないで，その表面が燃焼する。

(4)　ガソリン‥‥ 熱により分解し，そのとき発生する水素が燃焼する。

【4】　可燃物とその燃え方の組合せで，次のうち正しいものはどれか。

(1)　硫　　黄‥‥ 分解燃焼

(2)　木　　材‥‥ 拡散燃焼

(3)　都市ガス‥‥ 表面燃焼

(4)　ガソリン‥‥ 蒸発燃焼

【5】　物質が燃焼した際に蒸発燃焼をするものは，次のうちどれか。

(1)　コークス

(2)　紙

(3)　石炭

(4)　軽油

3. 燃焼範囲

可燃性蒸気と空気が一定の濃度で混合すると燃焼する。この濃度の範囲を**燃焼範囲**といい，可燃性蒸気の全体に対する容量〔%〕で表す。

$$\text{蒸気濃度〔\%〕} = \frac{\text{蒸気量}}{\text{蒸気量}+\text{空気量}} \times 100$$

燃焼範囲の低濃度の方を**燃焼下限値**，高濃度の方を**燃焼上限値**という。

- **燃焼範囲が広い**ほど，引火の危険性は大きい。
- **下限値の小さいもの**ほど引火の危険性が大きくなる。
- 下限値が同じであれば**上限値の高いもの**ほど引火の危険性は大きい。

例えば，ガソリンの燃焼範囲が 1.4〔%〕～7.6〔%〕ということは，ガソリンと空気の混合気体の容積を 100 とすると，その中にガソリン蒸気が 1.4〔%〕～7.6〔%〕含まれている場合に点火すると燃焼する。

油類の容器は空になっても危険な場合がある。これは燃焼範囲の濃度の可燃性蒸気が残っていることがあるからである。

練習問題

【1】　次の文章の下線部分（A）～（D）のうち，誤っている箇所はどれか。

「可燃性液体の燃焼は（A）蒸発燃焼である。すなわち，液体の表面から蒸発（気化）した蒸気が空気と混合し，なんらかの火源によって燃焼する。しかし，燃焼するのは（B）液体と空気の混合がある一定の範囲内にあるときだけで，この範囲以外のときは（C）燃焼しない。燃焼範囲とは，この（D）燃焼可能な範囲のことをいう。」

(1)（**A**）

(2)（**B**）

(3)（**C**）

(4)（**D**）

【2】　可燃性蒸気の燃焼範囲の説明として，次のうち正しいものはどれか。

(1)　可燃性蒸気が空気中で燃焼するのに必要な空気中の酸素濃度の範囲のことである。

(2)　空気中において，可燃性蒸気が燃焼することができる可燃性蒸気の濃度範囲のことである。

(3)　可燃性蒸気の燃焼範囲の下限値の小さいものほど引火の危険性は小さい。

(4)　可燃性蒸気を燃焼させるのに必要な熱源の温度範囲のことである。

【3】　可燃性蒸気の燃焼範囲の説明として，次のうち誤っているものはどれか。

(1)　燃焼範囲の下限値未満では，火源があっても燃焼しない。

(2)　燃焼範囲内では，火源があれば燃焼する。

(3)　燃焼範囲は，危険物の種類によって異なる。

(4)　燃焼範囲の上限値を超えても，火源があれば燃焼する。

【4】　次の混合気体のうち，火花などを近づけると燃えるものはどれか。ただし，ガソリンの燃焼範囲は，1.4～7.6〔%〕である。

(1)　ガソリン蒸気95〔ℓ〕，空気5〔ℓ〕

(2)　ガソリン蒸気90〔ℓ〕，空気10〔ℓ〕

(3)　ガソリン蒸気50〔ℓ〕，空気50〔ℓ〕

(4)　ガソリン蒸気5〔ℓ〕，空気95〔ℓ〕

4. 引 火 点

引火点とは，点火源を近づけたとき，**可燃性液体が引火するのに十分な濃度の蒸気を液面上に発生させる最低液温（燃焼範囲の下限値に相当する）である。**

引火点が低いものは，低い温度でも蒸気を多く出すので引火の**危険性は大きい。**

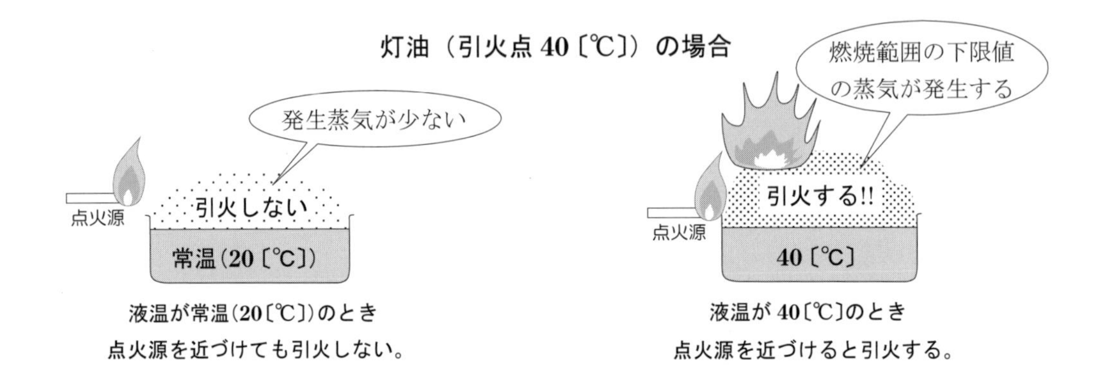

練習問題

【1】 引火点の説明として，次のうち正しいものはどれか。

(1) 引火点が低く燃焼範囲の広い物質ほど危険性が高い。

(2) 引火点が低い物質は高い温度でも蒸気を多く出すので，引火の危険性は小さい。

(3) 引火点が低い物質ほど引火の危険性は少ない。

(4) 引火点が高い物質ほど低温でも多くの蒸気を発生するので引火の危険性は大きい。

【2】 引火点について，次のうち正しいものはどれか。

(1) 燃焼範囲の下限値に相当する濃度の可燃性蒸気を液面上に発生するときの液温をいう。

(2) 可燃物を加熱したとき，火源のない状態で火がつく最低の温度をいう。

(3) 引火点が同じであれば，燃焼範囲の狭いものほど引火の危険性が大きい。

(4) 引火点は発火点よりも高い。

【3】 「ある可燃性液体の引火点は 20〔℃〕である」ということの説明として，次のうち正しいものはどれか。

(1) 液温が 20〔℃〕になると自然発火する。

(2) 気温が 20〔℃〕の所に置くと火源がなくても燃え出す。

(3) 液温が 20〔℃〕になると，液体の表面に炎，火花などを近づければ火がつく。

(4) 気温が 20〔℃〕になると，液体の内部から蒸発し始める。

5. 発火点

可燃物を空気中で加熱した場合，炎，火花などの**点火源がなくても，おのずから燃え始めるときの温度を発火点という。**

① 発火点が低いほど危険性が大きい。

② 引火点が低いものが，発火点が低いとは限らない。

練習問題

【1】 発火点について，次のうち正しいものはどれか。

(1) 可燃性物質を燃焼させるのに必要な点火源の最低温度をいう。

(2) 可燃性物質を空気中で加熱した場合，炎や火花等を近づけなくても自ら燃え出すときの最低温度をいう。

(3) 可燃性物質を加熱した場合，空気がなくても自ら燃え出すときの最低温度をいう。

(4) 可燃性物質が燃焼範囲の上限の濃度の蒸気を発生するときの温度をいう。

【2】 引火点と発火点の説明で，次のうち正しいものはどれか。

(1) 発火点は火花等を近づけたときに着火する温度をいう。

(2) 引火点が低く発火点も低いものほど危険性が高い。

(3) 発火点の高いものは引火点も高いといわれている。

(4) 引火点と発火点はともに固体の危険物について測定している。

【3】 「ある可燃性物質の発火点は 250〔℃〕である。」この説明として，正しく言い表しているものはどれか。

(1) 250〔℃〕に加熱すると自ら燃え出す。

(2) 250〔℃〕に加熱すると火源があれば燃える。

(3) 250〔℃〕以下では火源があっても燃えない。

(4) 250〔℃〕以上に加熱しても，火源がなければ燃えない。

6. 自然発火

自然発火とは，他から火源を与えられなくてもその物質が**空気中で酸素等と反応し，発熱したその熱が蓄積されてついに発火点に達し，自然に発火**することである。

① 油が自然発火するのに関係のある熱は**酸化熱**である。

布やオガクズなどに動植物油類がしみ込むと，空気中の酸素と反応して酸化熱が発生する。酸化熱が蓄積されると発火源となる。

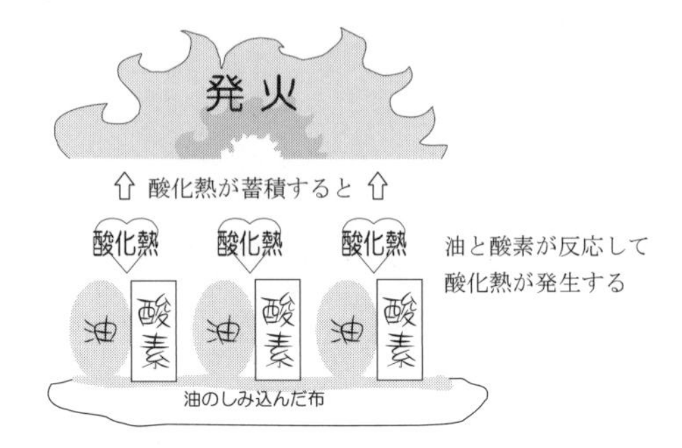

② **動植物油類**の中には，自然発火の危険性があるものがある。(p.41 参照)

練習問題

【1】 **布などにしみ込んだ動植物油類の中には状況によって自然発火するものがあるが，その原因となるのは次のうちどれか。**

(1) 燃焼範囲が広いから。

(2) 比較的低温で引火するから。

(3) 発火点が極めて低いから。

(4) 空気中の酸素と反応し，蓄熱するから。

【2】 **動植物油類がしみ込んだ繊維や紙などをたい積しておくと自然発火することがあるが，この自然発火に関係する熱の種類は次のうちどれか。**

(1) 酸化熱

(2) 燃焼熱

(3) 中和熱

(4) 蒸発熱

7. 燃焼の難易

① **酸化されやすい**ものほど燃えやすい。

② **空気との接触面積が大きいもの**ほど燃えやすい。

固体の可燃物を細かく砕いたり，布に油がしみ込んだ状態では空気との接触面積が大きくなり，かつ，熱が全体に伝わりにくくなるため，火がつきやすくなる。

③ 周りの**酸素濃度が高いほど**燃えやすい。

④ **発熱量（燃焼熱）が大きい**ものほど燃えやすい。

⑤ **熱伝導率が小さい**ものほど加えられた熱が1ヵ所に溜まるため，その部分の温度が上がり燃えやすい。

⑥ **乾燥**しているものほど燃えやすい（濡れているものは燃えにくい）。

⑦ 周りの**温度が高い**ほど燃えやすい。

⑧ **可燃性蒸気が発生しやすい**ものほど燃えやすい。

⑨ 新鮮な**空気が連続的に供給**されるほど燃えやすい。

練習問題

【1】　次の文の（　）内に当てはまる語句はどれか。

「固体の可燃物は細かく砕くと（　），かつ，熱全体が伝わりにくくなるため，火がつきやすくなる。」

(1)　融点が低くなり
(2)　空気との接触面積が大きくなり
(3)　発熱量が小さくなり
(4)　密度が高くなり

【2】　物質の燃えやすさについての一般的な説明として，次のうち誤っているものはどれか。

(1)　発熱量（燃焼熱）が大きいものほど燃えやすい。
(2)　乾燥しているほど燃えやすい。
(3)　可燃性物質は新鮮な空気が連続的に供給されるほど燃えやすい。
(4)　可燃性物質は蒸発しにくいものほど熱が逃げないので燃えやすい。

【3】　可燃物の燃焼の難易についての説明として，次のうち誤っているものはどれか。

(1)　可燃性蒸気が発生しやすいものほど燃えやすい。
(2)　熱伝導率の大きい物質ほど燃えやすい。
(3)　空気との接触面積が広いほど燃えやすい。
(4)　酸化されやすいものほど燃えやすい。

8. 静電気

静電気の火花放電は点火源となる。

第 4 類危険物は電気の不導体が多く，静電気が発生し蓄積されやすい。

① 物質に発生した静電気は，そのすべてが蓄積するのではなく，一部の静電気は漏れ，残りの静電気が蓄積する。

② 静電気が蓄積しても発熱や蒸発はしない。

1. 静電気の発生

① 静電気は，電気的に絶縁された 2 つの異なる物質が相接触して離れるときに片方に正（＋）の電荷が，他方には負（－）の電荷が帯電して発生する。

② 静電気は**電気絶縁抵抗の大きい物質ほど発生しやすく**，電気の不導体（電気を通さない物質。**合成樹脂，ガソリン，灯油，軽油，重油**等）は電気絶縁性が大きいので**摩擦（送油作業・タンクの中での油の動揺，容器に小分けするとき）**等により静電気が発生しやすい。

なお，ドラム缶やタンクに収納されて静止の状態のときには，静電気の発生がなく，危険性はない。

③ 静電気の発生，蓄積は**湿度が低い（乾燥している）ときに発生しやすい。**

④ 一般に合成繊維の衣類は木綿のものより静電気が発生しやすい。

⑤ 静電気は人体にも帯電する。しかし，人体に害を及ぼすことはない。

⑥ 静電気は金属にも発生する。

例 金属のドアノブに触れたときにショックがある。

2. 静電気による災害の防止

発生を少なくする方法	蓄積させないようにする方法
① 摩擦を少なくする。 ② 接触する物質を選択する。 例 合成繊維はさける。 ③ 除電剤を使用する。 例 導電性塗料を塗る。 ④ 送油作業では油の流速を小さくし，流れを乱さないこと。	① 接地（アース）をする。 ② 導電性材料を使用する。 例 導線を巻き込んだホースを使用する。 ③ 湿度（空気中に含まれる水蒸気の度合い）の低い時期は加湿器を使って高い湿度を保つ。 ④ 緩和時間をおいて放出中和する。例 静置する。 ⑤ 除電服，除電靴を着用する。 ⑥ 室内の空気をイオン化して空気の導電性を高める。

練習問題

【1】　静電気について，次のうち誤っているものはどれか。

(1)　引火性の液体や乾燥した固体などを取り扱う場合は，静電気の発生に注意しなければならない。

(2)　静電気が蓄積されていると，放電されたときの火花により可燃性の蒸気に引火する。

(3)　物質に発生した静電気は，そのすべてが物体に蓄積するのではなく，一部の静電気は漏れ，残りの静電気が蓄積する。

(4)　絶縁抵抗の小さい物質ほど静電気が発生しやすい。

【2】　静電気について，次のうち正しいものはどれか。

(1)　静電気は，電気の不導体には蓄積されない。

(2)　静電気は，銅などの金属では発生しない。

(3)　静電気は，ガソリン，灯油などの運搬や給油などに発生しやすい。

(4)　静電気の帯電防止策として，温度を調節する方法がある。

【3】　静電気について，次のうち誤っているものはどれか。

(1)　空気をイオン化して空気の導電性を高める。

(2)　静電気が蓄積していると液温が上昇し蒸発量が増加する。

(3)　空気が乾燥していると蓄積しやすい。

(4)　ガソリンは電気の不導体であり，液体摩擦で静電気が発生しやすい。

【4】　静電気について，次のうち誤っているものはどれか。

(1)　人体に帯電する静電気で感電することはない。

(2)　人体に帯電した静電気は，接地することで除去できる。

(3)　人体に帯電する静電気の量は，衣服や靴などの材質によって異なる。

(4)　人体に帯電した静電気が発生する火花は，可燃性蒸気の着火源となることはない。

【5】　ガソリンや灯油を取り扱う場合，静電気による事故を防止するための措置として，次のうち誤っているものはどれか。

(1)　移動タンク貯蔵所に積み込むときは接地を確実に行う。

(2)　タンクに注油するときは，できるだけ流速を速くする。

(3)　衣服は帯電防止処理したものを着用する。

(4)　室内で取り扱う場合は，湿度を高くする。

【6】　ガソリンを貯蔵し，又は取り扱う場合，静電気の発生に注意しなければならないが，次のうち静電気の発生に関係のないものはどれか。

(1)　地下貯蔵タンクにガソリンを貯蔵しているとき。

(2)　移動貯蔵タンクにガソリンを入れ，移送しているとき。

(3)　移動貯蔵タンクから地下貯蔵タンクにガソリンを注入しているとき。

(4)　移動貯蔵タンクにガソリンを注入しているとき。

【7】　ガソリンなどを取り扱う場合には静電気に注意しなければならないが，この静電気の発生又は蓄積を防止するための措置として次のうち誤っているものはどれか。

(1)　空気が乾燥しているときは静電気が蓄積しやすいので，取扱場所は湿らせておく。

(2)　移動貯蔵タンクに注入する場合は，移動貯蔵タンクを接地する。

(3)　詰め替えや撹はんなどによって静電気が発生した場合は鉄棒などを接触させて火花放電させる。

(4)　タンク又は容器に入れる場合，あまり速く入れると静電気の発生量が増すので，できるだけゆっくり入れる。

【8】　移動タンク貯蔵所で静電気による事故を防止する方法として，次のうち誤っているものはどれか。

(1)　衣服は木綿のものをさけて化学繊維のものを着用する。

(2)　接地は導線により確実に行うこと。

(3)　注入管を使ってタンクに注入するときは，その先端部をタンク底部につけて行うこと。

(4)　危険物を注入するときは，注入速度を遅くすること。

【9】　次のような静電気事故を防止するための給油取扱所における静電気対策として，誤っているものはどれか。

「顧客に自ら給油等をさせる給油取扱所(セルフスタンド)において，給油を行おうとして自動車燃料タンクの給油口キャップを緩めた際に，噴出したガソリン蒸気に静電気放電したことにより引火して火災となった。」

(1)　固定給油設備等のホースおよびノズルの電気の導通を良好に保つ。

(2)　見やすい箇所に「静電気除去」に関する事項を表示する。

(3)　地盤面への散水を適時行い，人体等に帯電している静電気が漏えいしやすいような環境をつくる。

(4)　従業員等は，絶縁性に優れた衣服および靴の着用を励行する。

3.　消火に関する基礎知識

燃焼するためには燃焼の 3 要素である**可燃性物質**，**酸素供給源**，**点火源**（熱源）が必要であるため，消火するには，このうちの 1 つを取り除けばよい。これが**消火の 3 要素**である。

可燃性物質を取り除く → **除去消火**

酸素供給源を取り除く → **窒息消火**

点火源（熱源）を取り除く → **冷却消火**

これ以外に酸化反応を遮断する作用を利用した**抑制消火**を含めると消火の 4 要素になる。

1. 消火の種類

1. 除去消火

可燃性物質を取り除いて消火する方法

①　ろうそくの炎を息を吹きかけて消す。

②　ガスコンロのコックを閉めて火を消す。

③　油田火災において爆発の爆風により可燃性蒸気を吹き飛ばす。

④　森林火災において延焼する可能性のある木を切り倒す。

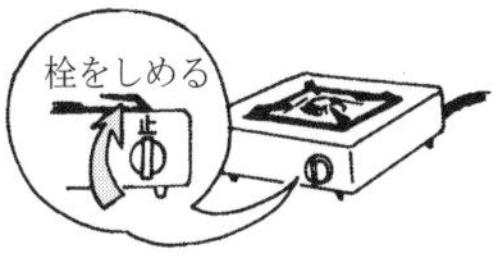

2. 窒息消火

酸素の供給を絶つことにより消火する方法

①　燃えている容器に**ふた**をして消す。

②　**土，砂，布団，むしろ等**で燃焼物を覆うことにより消火する。

③　**二酸化炭素**により酸素濃度を低下させ，消火する。

④　**不燃性の泡**で燃焼面を覆い，空気を遮断して消火する。

⑤　**粉末消火剤**により燃焼面を粉末で被覆して消火する。

3. 冷却消火

点火源（熱源）から熱を奪い，引火点又は可燃性ガス発生温度以下にすることにより消火する方法である。

消火剤として**水**が広く利用されている。

4. 負触媒消火（抑制消火）

ハロゲン元素が**酸化反応を抑制**することを利用した負触媒効果や窒息効果による消火方法である。

ハロゲン化物消火剤にハロン 1301 などがある。

練習問題

【1】　消火理論について，次のうち誤っているものはどれか。

(1)　一般に空気中の酸素が一定濃度以下になれば燃焼は停止する。

(2)　消火するためには，燃焼の 3 要素のうち 1 要素を取り去ればよい。

(3)　ハロゲン化物消火剤は抑制作用による消火効果が大きい。

(4)　除去消火とは酸素と点火源を同時に取り去って消火する方法である。

【2】　消火方法と主な消火効果の組合せとして，次のうち正しいものはどれか。

(1)　ろうそくの炎を，息を吹きかけて消す ………………………… 除去効果

(2)　アルコールランプにふたをして火を消す………………………… 除去効果

(3)　炭火に水をかけて消す………………………………………… 窒息効果

(4)　ガスコンロの栓を閉めて火を消す ………………………… 冷却効果

【3】　除去消火の方法として，次のうち誤っているものはどれか。

(1)　油田において爆発の爆風により可燃性蒸気を吹き飛ばして消火する。

(2)　森林火災で樹林を切り倒して消火する。

(3)　ガスの元栓をしめて消火する。

(4)　天ぷらなべにふたをして消火する。

【4】　窒息消火といわれる消火方法は，次のうちどれか。

(1)　燃焼物から熱を奪う。

(2)　燃焼ガスを爆風で吹き飛ばす。

(3)　燃焼物への空気の供給を断つ。

(4)　燃焼物を燃えつきさせる。

【5】　冷却消火に該当するものは次のうちどれか。

(1)　土砂またはふとん等で，燃焼物を覆って消す。

(2)　粉末消火器を用いて消す。

(3)　水をかけて消す。

(4)　ハロゲン化物消火器を用いて消す。

2. 消火剤

丙種危険物取扱者は，ガソリンや灯油など石油類や動植物油類を取り扱うので，対応する火災の種類は**油火災**である。

石油類，動植物油類の消火には，**窒息効果や抑制効果のある霧状の強化液**，**泡消火剤**，**二酸化炭素消火剤**，**ハロゲン化物消火剤**，**粉末消火剤**を用いて消火する。

棒状・霧状の水，**棒状の強化液**は石油類，動植物油類の消火には**不適当**である。

油火災での注水消火の危険性

① 注水すると水の表面に油が浮かび，燃焼面が拡大する。
② 液温が高くなっているものに水が入ると水が沸騰し，燃えている油を飛散させる。
③ 道路や床面に流れた油に水をかけると，燃焼している油が水に乗って流れ火面を拡大する。また，下水溝などに流れ込み下水管内で気化して爆発することがある。

消火剤		普通火災 A	油火災 B	電気火災 C	主な消火効果	備考
水	棒状	○	×	×	冷却	・水蒸気になると体積が約1700倍に膨張するので窒息効果がある ・比熱，気化熱が大きいため，冷却効果が大きい ・油火災に水を用いると，油の比重が1より小さく水に浮き危険なため不適当 ・**電気火災では，棒状の水は不適当だが，霧状の水は使用できる**
	霧状	○	×	○		
強化液	棒状	○	×	×	冷却	・**炭酸カリウムの水溶液** ・棒状放射は冷却消火の効果があり，普通火災のみ適応 ・霧状放射は抑制消火の効果があり，普通・油・電気火災に適応 ・冷却効果のほかには再燃防止効果もある
	霧状	○	○	○	冷却 窒息 抑制	
泡		○	○	×	窒息	・泡が油面を覆って空気の供給を絶つ ・二酸化炭素の気体(CO_2)を界面活性剤の膜で包み込んだ化学泡や，空気を界面活性剤の膜で包み込んだ空気泡（機械泡）がある。 ・**水分が感電の原因になるので電気火災には不適当** ・水溶性の危険物には，耐アルコール泡を使用
二酸化炭素 (炭酸ガス)		×	○	○	窒息	・空気より重い不燃性ガスであるため，燃焼物周囲の空気中の酸素濃度を減少させる効果がある ・**閉めきった部屋で使用すると，窒息の危険性がある**
ハロゲン化物		×	○	○	抑制	・負触媒（抑制）効果が大きい ・電気の不良導体のために電気火災に使用できる
消火粉末	ABC	○	○	○	窒息	・熱による分解で，リン酸，アンモニア，水蒸気が生じ，窒息消火・抑制消火の効果がある ・主成分は**リン酸アンモニウム**（リン酸塩類）
	BC	×	○	○		主成分は**炭酸水素ナトリウム**

A **普通火災**：木材，繊維等　B **油火災**：可燃性液体，可燃性固体等　C **電気火災**：変圧器，モーター等

練習問題

【1】 消火剤と消火効果との組合せとして，次のうち正しいものはどれか。

(1) 二酸化炭素……………………………………………………窒息効果

(2) ハロゲン化物…………………………………………………冷却効果

(3) 強化液…………………………………………………………除去効果

(4) 消火粉末………………………………………………………除去効果

【2】 消火方法と主たる消火効果の組合せとして，次のうち正しいものはどれか。

(1) 少量のガソリンが床上で燃え出したので，粉末消火器で消した……………除去効果

(2) 容器内の軽油が燃えていたので，泡消火器で消した………………………窒息効果

(3) 油ぼろが燃え出したので，二酸化炭素消火器で消した……………………冷却効果

(4) 容器内の灯油が燃え始めたのでふたをして消した………………負触媒（抑制）効果

【3】 一般的に消火のために水をかける理由として、次のうち誤っているものはどれか。

(1) 燃えているものから熱を奪う。

(2) 燃えているものと、化学反応を起こし不燃性物質をつくる。

(3) 水蒸気で燃えているものをおおい酸素の供給を妨げる。

(4) 毒性がないこと。

【4】 油類の火災の消火について，次のうち誤っているものはどれか。

(1) 冷却して消火する方法が最もよい。

(2) 粉末消火剤の窒息効果で消火する。

(3) ハロゲン化物消火剤の抑制効果で消火する。

(4) 泡消火剤の窒息効果で消火する。

【5】 消火に関する説明として，次のうち誤っているものはどれか。

(1) ハロゲン化物による消火はすべて窒息効果である。

(2) リン酸塩類の消火剤は，一般火災，油火災及び電気火災に使用できる。

(3) 二酸化炭素の主な消火効果は窒息効果である。

(4) 水は比熱が大きいためその温度が上昇する際に多量の熱を奪う。また，気化熱が大きいので消火剤として用いると冷却効果が大きい。

【6】 油類の火災には，水による消火は不適当であるが，その理由として，次のうち正しいものはどれか。

(1)　油類は水より軽く，水に溶けないので，注水すると水面に浮かびかえって火面が広がるため。
(2)　油類の火災は火勢が強いので，水では十分に冷却できないため。
(3)　油類が燃えているときは，水をよく溶かすので，逆に火勢が強くなるため。
(4)　油類の消火剤には，燃えている油類と同容量の大量の水を必要とするため。

【7】 ガソリン等の火災を消火器により消火する方法について，次のうち正しいものはどれか。

(1)　棒状の水を放射する。
(2)　棒状の強化液を放射する。
(3)　霧状の水を放射する。
(4)　霧状の強化液を放射する。

【8】 消火の方法について，次のうち誤っているものはどれか。

(1)　ギヤー油や動植物油類の火災には，水による消火が有効である。
(2)　重油の火災には粉末消火剤による消火が有効である。
(3)　灯油や軽油の火災には霧状の強化液による消火が有効である。
(4)　ガソリンの火災には泡消火剤による消火が有効である。

【9】 危険物とその火災に適応する消火剤との組合せとして，次のうち誤っているものはどれか。

(1)　灯油……………………………………泡
(2)　ガソリン………………………………ハロゲン化物
(3)　重油……………………………………棒状の水
(4)　動植物油………………………………二酸化炭素

【10】 狭い密閉された室内で使用すると，室内にいる人が窒息する危険性がある消火器は次のうちどれか。

(1)　泡消火器
(2)　粉末消火器
(3)　強化液消火器
(4)　二酸化炭素消火器

第2章

危険物の性質
並びに
その火災予防
及　び
消火の方法

1. 丙種危険物取扱者が取り扱うことができる危険物の共通する性状等

1. 危険物の共通する性状

丙種危険物取扱者が取り扱うことができる危険物

・**ガソリン**　・**灯油**　・**軽油**　・**重油**

・**第 3 石油類**（クレオソート油など）

・**第 4 石油類**（ギヤー油，シリンダー油など）

・**動植物油類**（アマニ油，ヤシ油など）　(p.41 参照)

共通する性状・危険性

① **引火性の液体**であり，蒸気が空気と混合すると火気等により引火，爆発の危険性がある。

② 可燃性液体で**流動性があるので燃焼面が拡大しやすい。**

③ 常温（20〔℃〕）で液体であり，固体のものはない。

④ 液比重が 1 より小さい（水より軽い）もの，**水に溶けないものが多い**ので，水の表面に浮遊し，火災となった場合は火災範囲が大きくなる。そのほか，グリセリンなど水より重いもの，水に溶ける（水溶性）ものもある。

⑤ **蒸気はすべて空気より重く（蒸気比重は 1 より大きい），低所に滞留しやすい。**

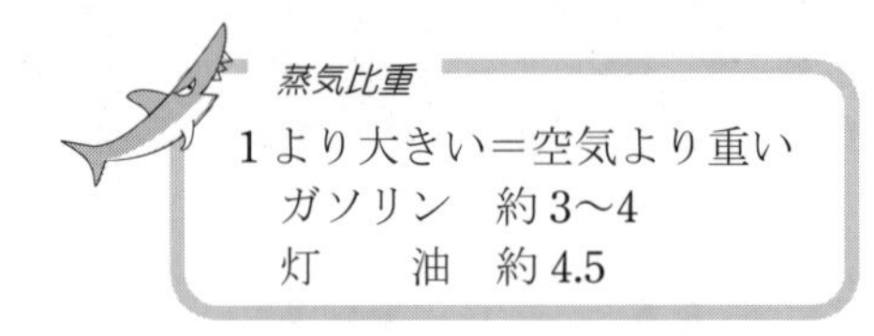

蒸気比重

1 より大きい＝空気より重い
ガソリン　約 3～4
灯　　油　約 4.5

⑥ **引火点，発火点が低い**ものがあるので低い温度の場所で取り扱う。

⑦ 一般に**電気の不導体**で，流動，摩擦などにより**静電気が発生しやすい**ので，放電火花により火災の原因となる。

⑧ **霧状にしたり，布にしみ込む**と空気の接触面積が大きくなるため火がつきやすくなる。

⑨ 動植物油類のように**自然発火するものもある。**

例

動植物油類のうちの乾性油 (p.41 参照) などは，常温（20〔℃〕）で酸化熱が蓄積して高温になり自然発火する。

練習問題

【1】　第4類の危険物の性状について，次のうち正しいものはどれか。

(1)　酸化性の固体又は液体である。
(2)　引火性の液体である。
(3)　自然発火の危険性を有する液体である。
(4)　可燃性の固体又は液体である。

【2】　第4類の危険物の性状として，次のうち正しいものはどれか。

(1)　液体であって，蒸気が空気と混合すると火気等により引火，爆発の危険性がある。
(2)　火炎によって着火しやすい固体又は引火しやすい固体である。
(3)　固体又は液体であって，加熱分解などにより爆発的に燃焼する。
(4)　そのもの自体は燃焼しないが，他の物質を酸化させる性質を有する。

【3】　丙種危険物取扱者が取り扱うことのできる危険物について，次のうち誤っているものはどれか。

(1)　燃焼範囲（爆発範囲）が大きいほど危険性は大きい。
(2)　発火点が低いほど危険性は大きい。
(3)　燃焼熱が大きいほど危険性は大きい。
(4)　引火点が低いほど危険性は少ない。

【4】　丙種危険物取扱者が取り扱うことのできる危険物について，次のうち誤っているものはどれか。

(1)　いずれも可燃性蒸気を発生し，空気と混合すれば引火する危険がある。
(2)　いずれも常温（20〔℃〕）では液体であり，固体のものはない。
(3)　静電気が帯電しやすいものを配管で流す場合は，流す速さをできるだけ遅くし，かつ，配管を接地するとよい。
(4)　いずれも霧状にすると火がつきにくくなる。

【5】　丙種危険物取扱者が取り扱うことのできる危険物の性状として，次のうち正しいものはどれか。

(1)　蒸気比重（空気＝1）は1より小さい。
(2)　水に溶けないものが多い。
(3)　引火点が0〔℃〕以下のものはない。
(4)　布に染み込ませると火がつきにくくなる。

【6】　丙種危険物取扱者が取り扱うことのできる危険物に共通する性状について，次のうち誤っているものはどれか。

(1)　引火点を有する。
(2)　可燃性蒸気を発生する。
(3)　発火性をもつ。
(4)　非水溶性である。

2. 危険物の貯蔵，取扱いの方法

発生した蒸気は屋外高所に排出

蒸気は空気より重いため，高所から低所へと降りてくる。その間に蒸気は拡散し，燃焼範囲の下限値以下の濃度になる。

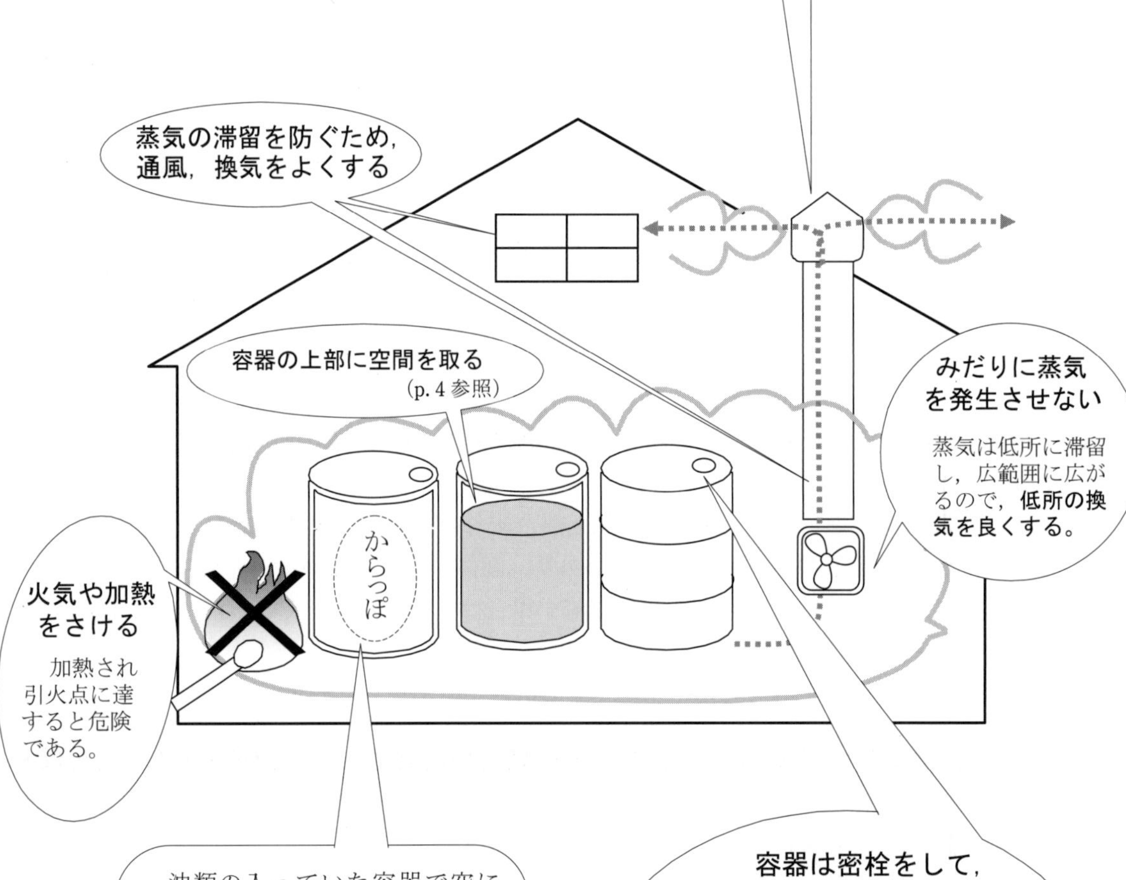

油類の入っていた容器で空になったものや，内部に少量残っているものは，燃焼範囲内の濃度の可燃性蒸気が残っていることがあるので，密栓をして，直射日光をさけ，冷所に貯蔵する。

空になった容器は洗浄しておくことが望ましい。

容器は密栓をして，直射日光をさけ，冷所に貯蔵

直射日光に長時間当てると引火点以上に液温が上がる。

密栓をすることで蒸気漏れを防ぐ。

① **火気や加熱**などをさける。

② みだりに**蒸気**を発生させない。

③ **容器に収納**して貯蔵する。

④ **直射日光をさけ，冷所に密栓**する。

⑤ 蒸気の滞流を防ぐため，**通風，換気**をよくする。

⑥ **低所に滞留した蒸気は屋外の高所に排出**する。

⑦ 油類の容器は空になっても，燃焼範囲内の可燃性蒸気が残っていることがあるから危険である。

⑧ **容器は上部に空間**をとる。

危険物が膨張し，容器が破損しないようにする。

⑨ 可燃性蒸気の滞留する恐れのある場所では**火花を発生する機械器具などを使用しない。**

⑩ 著しく可燃性蒸気が滞留する恐れのある場所の**電気設備は，防爆性**のものを使用する。

⑪ 引火点の高いものでも，容器に詰め替えるときや漏えいした場合は点火源の存在に注意する。

⑫ **静電気**の発生する恐れのある場合は，**接地，加湿，流速の制限など有効な静電気防止**の対策を講じる。(p.16参照)

⑬ 危険物を河川や下水溝に流出させない。

誤って灯油・軽油にガソリンを混入した場合

① ガソリン蒸気の一部が灯油に溶け込み，ガソリン蒸気が希薄になることにより，燃焼範囲内の混合気をつくることがあるので，危険性が大きい。

② ガソリンの成分が先に蒸発し，灯油や軽油の引火点より低い温度で引火する危険性がある。

③ 長時間たっても分離しなく，また，引火点が非常に低くなるので危険である。

油類を霧状にしたり繊維類にしみ込ませた場合

空気(酸素)との接触面積が非常に大きくなるため引火点にかかわらず火がつきやすくなる。

練習問題

【1】 引火性液体を取り扱う場合の注意事項として，次のうち誤っているものはどれか。

(1) 低い温度の場所では取り扱わない。

(2) 火気のある場所では詰め替えを行わない。

(3) 容器に入れるときは一杯に満たさない。

(4) 室内で取り扱うときは換気を十分に行う。

【2】 引火性液体を取り扱う場合の注意事項として，次のうち誤っているものはどれか。

(1) 屋外で容器に詰め替える場合は，風通しのよい場所で行う。

(2) 室内で容器に詰め替える場合は，換気設備を使用して可燃性蒸気を滞留しない。

(3) 引火点が高いものであっても，漏えいさせた場合には，点火源となる恐れがあるものをすばやく除去する。

(4) ガソリンのように可燃性蒸気が発生しやすいものを室内で詰め替えるときは，可燃性蒸気が天井近くに溜まりやすいので，その部分の換気を重点的に行う。

【3】 引火性液体を取り扱う場合の注意事項として，次のうち正しいものはどれか。

(1) 屋外でガソリンを詰め替える場合は，付近に火気があるときはできる限り風上で詰め替える。

(2) 容器に詰め替えるときは引火点の低い物品に限らず，引火点の高い物品であっても火気などの点火源の存在に注意する。

(3) 灯油の入っている容器にガソリンを入れてしまった場合には，大量の灯油でガソリンを薄めて使用する。

(4) 危険物の容器に詰め替える部屋を暖房する場合は，すぐに火を消すことができるガスストーブを使用する。

【4】 可燃性液体の蒸気について，次のうち正しいものはどれか。

(1) 空気に触れると発熱する。

(2) 空気中ですぐ拡散する。

(3) 床面または地面に沿って広がる。

(4) 室内では天井近くに滞留する。

【5】 ガソリンの蒸気について，次のうち正しいものはどれか。

(1) 空気より重いから，近くの低い場所だけに火源のないように注意すればよい。

(2) 空気と同じくらいの重さなので，すぐ空気と混じり合って薄くなるから，蒸気自体の危険性はない。

(3) 空気より重く遠くまで流れるので，広い範囲にわたって火の取扱いに対する注意が必要である。

(4) 空気より軽いから，天井などに換気口をつけて蒸気を逃すようにすれば安全である。

【6】　第4類の危険物に共通する貯蔵，取扱いの方法として次のうち誤っているものはどれか。

(1)　火気又は高温体との接近をさける。
(2)　冷所に貯蔵する。
(3)　換気のない完全に密閉した場所に貯蔵する。
(4)　発生する蒸気は，屋外の高所に排出する。

【7】　第4類の危険物に共通する貯蔵，取扱いの方法として，次のうち正しいものはどれか。

(1)　タンクに注入するときは，できるだけ流速を大きくする。
(2)　タンクローリーに注入するときは，タンクローリーを接地（アース）しない。
(3)　日光の直射する通風のない場所に貯蔵する。
(4)　容器に入れる場合は，必ず上部に空間をとる。

【8】　危険物を取り扱うときの注意事項として，次のうち誤っているものはどれか。

(1)　室内では危険物の容器は，密栓をしない。
(2)　室内で取り扱うときは，低所の換気を十分に行う。
(3)　取扱機器を接地し，静電気の蓄積を防止する。
(4)　火気のある場所では，危険物の詰め替えは行わない。

【9】　油などを容器に詰める場合は，必ず空間を残して詰めなければならない。この理由としてとして，次のうち正しいものはどれか。

(1)　一杯に詰めると運搬するとき重すぎるから。
(2)　一杯に詰めると容器が転倒したとき漏えいしやすいから。
(3)　一杯に詰めると外温の上昇などで内容物が膨張したとき，容器に無理な圧力がかかるから。
(4)　一杯に詰めると発火防止のための不燃性ガスを封入できなくなるから。

【10】　ガソリンについて，次のうち正しいものはどれか。

(1)　ガソリンを取り扱う機器は，静電気を蓄積させないよう接地（アース）した方がよい。
(2)　ガソリンの蒸気は軽いので，できるだけ低い所へ排出した方がよい。
(3)　ドラム缶に少量のガソリンが残っていても，量が少ないから危険性はない。
(4)　近くで溶接をしていたので，風上でガソリンを取り扱った。

【11】　ガソリンや灯油を取り扱う場合，静電気による事故を防止するための措置として，次のうち誤っているものはどれか。

(1)　タンクローリーに積み込むときは，接地（アース）を完全にする。
(2)　室内で取り扱う場合は，加湿装置等により湿度を高くする。
(3)　タンクに注油するときは，できるだけ流速を速くする。
(4)　衣服は，合成繊維のものをさけて天然繊維のものを着用する。

【12】　灯油の火災予防上，次のうち誤っているものはどれか。

(1)　発生する蒸気は空気より重いので，低所に滞留する恐れがある。

(2)　発生する蒸気を拡散させないために，取扱場所の通風・換気を行なわないようにする。

(3)　容器は密栓して貯蔵するが，液体の膨張により容器に無理な圧力がかかる恐れがあるので満杯にしないこと。

(4)　全く火気がなくても静電気火花で着火することがあるので，静電気が蓄積しないような方法をとらなければならない。

【13】　ガソリンの一杯入っているドラムよりも，ガソリンを抜いた後の金属製ドラムの方が危険な場合があるといわれている。その理由として次のうち正しいものはどれか。

(1)　残っているガソリン蒸気が，燃焼範囲内の濃度になっていることがあるから。

(2)　残っているガソリン蒸気が分解して，有毒ガスが発生していることがあるから。

(3)　残っているガソリンにより，金属製のドラムが腐食することがあるから。

(4)　残っているガソリン蒸気が変質して，爆発性の物質が生じていることがあるから。

【14】　ガソリンを他の容器に詰替え中，付近で使用していた石油ストーブにより火災となった。この火災の発生原因として適当なものは，次のうちどれか。

(1)　ガソリンが石油ストーブにより，発火点以上に加熱されたから。

(2)　ガソリンの蒸気が，床面に沿って石油ストーブの所へ流れ，引火したから。

(3)　石油ストーブから漏れた灯油の蒸気が，ガソリン蒸気と混合して発熱したから。

(4)　石油ストーブによりガソリンが温められ，燃焼範囲が広がったから。

【15】　ガソリンを貯蔵していたタンクに灯油を入れるときは，タンク内のガソリンの蒸気を完全に除去してから入れなければならないがその理由として，次のうち正しいものはどれか。

(1)　タンク内のガソリンの蒸気が灯油の蒸気と混合するときに発熱し，その熱で灯油の温度が上がるから。

(2)　タンク内に充満していたガソリンの蒸気と混合して，熱を発生することがあるから。

(3)　タンク内に充満していたガソリンの蒸気が灯油に吸収されて燃焼範囲内の濃度に薄まり，かつ，灯油の流入で発生した静電気の火花で引火することがあるから。

(4)　タンク内のガソリンの蒸気が灯油と混合し，ガソリンの引火点が高くなるから。

【16】　「ガソリンの入っているタンクから，別のポリエチレン製のタンクに移すとき，金属のじょうごを使用したところ引火した。」このような事故を防止する方法について次のうち誤っているものはどれか。

(1)　容器はポリエチレン製でなく金属製とし，かつ接地（アース）する。
(2)　危険物の取扱作業は通風，または換気のよい場所で行う。
(3)　地面をしめらせ，静電気が逃げやすくする。
(4)　燃料タンクを加圧してガソリンの流速を速め，抜き取りを短時間で終らせる。

【17】　次の事故事例を教訓とした今後の対策として，次のうち誤っているものはどれか。

「給油取扱所において，アルバイトの従業員が20〔ℓ〕のポリエチレン容器を持って灯油を買いに来た客に，誤って自動車ガソリンを売ってしまった。
客はそれを石油ストーブに使用したため異常燃焼を起こして火災となった。」

(1)　自動車ガソリンは20〔ℓ〕ポリエチレン容器に入れてはならないことを，全従業員に徹底する。
(2)　容器に注入する前に油の種類をもう一度客に確認する。
(3)　自動車ガソリンは無色であるが，灯油は薄茶色であるので薄茶色であることを確認してから容器に注入する。
(4)　灯油の小分けであっても，危険物取扱者が行うか，又は立ち会う。

【18】　灯油の入っている容器に誤ってガソリンを入れた場合の取扱いとして，次のうち正しいものはどれか。

(1)　ガソリンは揮発性物質であるので，撹はんしてガソリンを蒸発させる。
(2)　液比重の小さいガソリンが上層に分離するので，ガソリンを汲み上げ使用する。
(3)　灯油の性状にほとんど影響がないので，石油ストーブの燃料として使用する。
(4)　ガソリン同様の危険性があるので，石油ストーブの燃料としては使用しない。

2. 丙種危険物取扱者が取り扱う危険物の性状

1. ガソリン （第１石油類　非水溶性）指定数量 200〔ℓ〕

比重	引火点〔℃〕	発火点〔℃〕	燃焼範囲〔vol％〕	蒸気比重	沸点〔℃〕
0.65～0.75	－40 以下	約 300	1.4～7.6	3～4	40～220

性　状	危 険 性
・**無色**で特有の臭気がある液体。 ・自動車ガソリンはオレンジ色に着色してある。	・揮発しやすく引火点が極めて低い。 ・蒸気は空気より重いので低所に滞留しやすい。 ・水より軽く，水に溶けないので流動性があり燃焼面が拡大しやすい。 ・電気の不良導体なので，静電気が発生しやすい。

※自動車用ガソリン，航空用ガソリン，工業用ガソリンがある。

練習問題

【1】　ガソリンについて，次のうち正しい組合せはどれか。

(1)	液体	水によく溶ける	引火しやすい
(2)	固体	水に溶けない	引火の危険性少ない
(3)	液体	引火点－40〔℃〕以下	蒸気比重 3～4
(4)	液体	引火点 60〔℃〕～150〔℃〕	引火の危険性少ない

【2】　ガソリンについて，次のうち誤っているものはどれか。

(1)　引火点がきわめて低いため，液温が常温（20〔℃〕）以下でも引火する。
(2)　布などにしみ込んだものは自然発火する。
(3)　比重は 1 より小さく，水に溶けにくい。
(4)　電気の不良導体なので，静電気が発生しやすい。

【3】　ガソリンについて，次のうち誤っているものはどれか。

(1)　ガソリンは，自動車ガソリンと工業ガソリンなどに分類される。
(2)　蒸気は空気より重い。
(3)　自動車ガソリンはオレンジ系の色に着色されている。
(4)　無臭の液体である。

【4】　ガソリンについて，次のうち誤っているものはどれか。

(1)　きわめて引火しやすい。
(2)　燃焼範囲は，おおむね 60 ～ 80〔％〕（容量）である。
(3)　流動などにより静電気を発生しやすい。
(4)　液温が 0〔℃〕のときでも引火する危険性がある。

2. 灯　油（第2石油類　非水溶性）指定数量 1,000〔ℓ〕（ケロシン）

比重	引火点〔℃〕	発火点〔℃〕	燃焼範囲〔vol%〕	蒸気比重	沸点〔℃〕
約 0.8	40 以上	約 220	1.1～6.0	4.5	145～270

性　状	危険性
・**無色又は淡黄色**で特有の臭気がある液体。 ・水より軽く，水に溶けない。 ・ガソリンに比べて，やや揮発しにくい。 ・蒸気は空気より重い。	・**液温が引火点以上になると危険である。** ・霧状にしたりボロ布にしみ込んだものは引火点にかかわらず容易に着火する。 ・電気の不良導体なので，静電気が発生しやすい。 ・ガソリンと混合したときは危険である。(p.29 参照)

練習問題

【1】　ガソリン，灯油などの危険性として，次のうち誤っているものはどれか。

(1)　自然発火しやすい。
(2)　発生する蒸気は低所に滞留しやすい。
(3)　炎，火花などにより引火する危険性がある。
(4)　流動性があるので燃焼面が拡大しやすい。

【2】　灯油について，次のうち誤っているものはどれか。

(1)　水に溶けない。
(2)　引火点は 100〔℃〕前後である。
(3)　流動すると，静電気が発生しやすい。
(4)　沸点は水より高い。

【3】　灯油の性状について，次のうち誤っているものはどれか。

(1)　一般に無色であるが，経年変化により黄褐色を呈していることがある。
(2)　発生する蒸気は空気より重い。
(3)　液体の比重は 1 より小さい。
(4)　電気の良導体であるので静電気は帯電しない。

【4】　灯油について，次のうち誤っているものはどれか。

(1)　液温が常温（20〔℃〕）程度でも容易に引火する。
(2)　水より軽く，水に浮く。
(3)　一般に重油より引火点が低い。
(4)　霧状になったものは火がつきやすい。

【5】　灯油の性状について，次のうち正しいものはどれか。

(1)　ガソリンと混合されたものは引火しにくい。
(2)　布にしみ込むと，空気との接触面積が大きくなるので，着火の危険性は減少する。
(3)　気温が 0〔℃〕以下でも，液温が引火点以上になると火源により引火する。
(4)　燃焼範囲はおおむね 11～60〔%〕である。

3. 軽 油 （第２石油類 非水溶性）指定数量 1,000〔ℓ〕

比重	引火点〔℃〕	発火点〔℃〕	燃焼範囲〔vol％〕	蒸気比重	沸点〔℃〕
約 0.85	45 以上	約 220	1.0～6.0	4.5	170～370

性 状	危 険 性
・灯油と同じ。	・灯油と同じ。

※エンジンの燃料に使用される。（別名**ディーゼル油**ともいう）

練習問題

【1】 軽油について，次のうち誤っているものはどれか。

(1) ディーゼル機関等の燃料に用いられる。
(2) 水に溶けない。
(3) ガソリンより蒸発しやすい。
(4) 水より軽い物質である。

【2】 軽油の性状について，次のうち誤っているものはどれか。

(1) 通常では引火しにくいが，引火点以上に加熱するとガソリンと同様の危険性を持つ。
(2) 流動しても，静電気は発生しない。
(3) 引火点は常温より高い。
(4) 可燃性の蒸気は空気より重い。

【3】 灯油と軽油の共通する性状として，次のうち正しいものはどれか。

(1) 発火点は 100〔℃〕以下である。
(2) 水によく溶ける。
(3) 蒸気は空気より重い。
(4) 液温が常温（20〔℃〕）程度でも引火の危険性がある。

【4】 軽油にガソリンを混合すると軽油より引火点が低くなる理由として，次のうち正しいものはどれか。

(1) 軽油とガソリンを混ぜると灯油ができる。
(2) 軽油とガソリンが反応して低沸点の成分ができる。
(3) ガソリンの成分が先に蒸発する。
(4) ガソリンが上層に浮かびやすい。

4. 重　油（第3石油類　非水溶性）指定数量2,000〔ℓ〕

比重	引火点〔℃〕	発火点〔℃〕	燃焼範囲〔vol%〕	蒸気比重	沸点〔℃〕
0.9～1.0	60～150	250～380	――	――	300以上

性　状	危険性
・暗褐色で粘性がある液体。 ・水よりやや軽く，水に溶けない。 ・沸点が高く，揮発性が少ない。	**・灯油と同じ。** ・引火点が高く蒸発性がほとんどないため，加熱しない限り引火の危険性はないが，霧状になったものは引火点以下でも危険である。 ・いったん燃え出すと，液温が高くなっているので消火が困難な場合がある。

動粘度により｛1種（A重油）、2種（B重油）、3種（C重油）｝がある，

引火点は日本工業規格により｛1種　60〔℃〕以上、2種　60〔℃〕以上、3種　70〔℃〕以上｝である。

練習問題

【1】　重油の性状として，次のうち正しいものはどれか。

(1)　蒸気にならないで液体のまま燃える物質である。
(2)　温めると水に溶ける物質である。
(3)　引火点が高く火はつきにくいが，一度燃え始めると消火が困難である。
(4)　水より重い物質である。

【2】　重油の性状として，次のうち誤っているものはどれか。

(1)　引火点はガソリンよりも高い。
(2)　油温が高くなると，引火の危険性が大きくなる。
(3)　一般に褐色又は暗褐色の液体である。
(4)　液体の比重は1より大きく，水に溶ける。

【3】 重油について，次のうち誤っているものはどれか。

(1) 布にしみ込ませたものは火がつきやすい。

(2) 冷水にも温水にも溶ける。

(3) 粘性のある液体である。

(4) 引火点は常温（20〔℃〕）より高い。

【4】 重油について，次のうち誤っているものはどれか。

(1) 液温が 20〔℃〕のときは凝固している。

(2) 発生する蒸気は空気より重い。

(3) 1 種（A 重油），2 種（B 重油）及び 3 種（C 重油）に分類されている。

(4) 火災では液温が高温になっているものに水が入ると，水が沸騰して重油を飛び散らすので危険である。

【5】 重油の性状について，次のうち正しいものはどれか。

(1) 無色の液体である。

(2) ガソリンや灯油と混ざり合う。

(3) 水に沈む。

(4) 加熱しても発火することはない。

5. 第4 石油類 指定数量 6,000〔ℓ〕

比重	引火点〔℃〕	発火点〔℃〕	燃焼範囲〔vol%〕	蒸気比重
0.9 以上	200～250 未満	——	——	——

性　状	危険性
・一般に水に溶けない。 ・水より重いものもあるが一般には水より軽い。 ・粘性のある液体である。 ・引火点が高く，蒸発性がきわめて少なく危険性は少ない。	・重油と同じ。 ・繊維類にしみこませたものは火がつきやすい。

潤滑油（第3石油類・第4石油類）

品　名

① グリセリン
② クレオソート油
⋮
} 第3石油類

① ギヤー油
② シリンダー油
③ モーター油
④ ディーゼル油
⋮
} 第4石油類

一般に機械油とよばれ，種類は多い。

性　状

① 一般に粘性のある液体で**水より軽い**ものが多い。

② 水に溶けないものが多い。

③ 繊維類にしみ込ませた場合の着火の容易性や出火したときの消火の困難性については重油などと同じである。

④ 引火点は 70〔℃〕～250〔℃〕くらいと範囲が広いので，それが第3石油類に該当するかあるいは第4石油類に該当するかは個々に引火点を測定して定める。

第3石油類の潤滑油 ………… **引火点　70〔℃〕以上 200〔℃〕未満**
第4石油類の潤滑油 ………… **引火点　200〔℃〕以上 250〔℃〕未満**

練習問題

【1】 潤滑油について，次のうち誤っているものはどれか。

(1) 第4石油類に属するものは，引火点が200〔℃〕以上250〔℃〕未満である。
(2) 一般に，粘性のある液体で水よりやや重く，水に溶けない。
(3) 第3石油類に属するものは，引火点が70〔℃〕以上200〔℃〕未満である。
(4) ギヤー油，モーター油，シリンダー油などがある。

【2】 第3石油類のグリセリンの性状等について，次のうち誤っているものはどれか。

(1) 水より重い。
(2) 水に溶ける。
(3) 特有の匂いを有している。
(4) 無色で粘性がある。

【3】 第4石油類のシリンダー油の性状で正しいものは次のうちどれか。

(1) 水より軽い。
(2) 常温（20〔℃〕）では固体である。
(3) 引火点は100〔℃〕以下である。
(4) 水とよく混ざり合う。

【4】 第4石油類の性状として，次のうち正しいものはどれか。

(1) 常温（20〔℃〕）では，すべて凝固している。
(2) 液温が常温（20〔℃〕）付近のときマッチの火を近づけると，簡単に火がつく。
(3) 一般に水に溶けにくい物質である。
(4) いったん燃え出すと液温が非常に高くなっているので，泡による消火が困難な場合がある。

【5】 第4石油類について，次のうち正しいものはどれか。

(1) 潤滑油はすべて第4石油類に該当する。
(2) 加熱や加圧しても危険性はない。
(3) 一般に粘性のある液体で，水に溶けないものが多い。
(4) 重油やシリンダー油は第4石油類である。

6. 動植物油類 指定数量 10,000〔ℓ〕

比重	引火点〔℃〕	発火点〔℃〕	燃焼範囲〔vol%〕	蒸気比重
約 0.9	250 未満	——	——	——

性　状	危険性
・比重は1より小さい液体である。 ・水に溶けない。 ・冬季には固化するものもある。 ・蒸発しにくく引火の危険性は少ない。	・**重油と同じ。** ・ボロ布などにしみ込んだものを堆積しておくと**自然発火**する危険性がある。

※　**自然発火**

乾きやすい油（**乾性油**）ほど空気中の酸素と反応しやすく，その**酸化熱**により起こる。

動植物油類

・動物の脂肪や植物の種子などから採取された油をいう。

・酸化されやすいものを乾性油，されにくいものを不乾性油，そして中間のものを半乾性油という。

・酸化されやすさはヨウ素価で表わされ，**ヨウ素価の大きい油は自然発火しやすい。**

	ヨウ素価
乾性油	
アマニ油，きり油，えの油	**130 以上**
半乾性油	
なたね油，ごま油，大豆油	100～130
不乾性油	
ひまし油，やし油，オリーブ油	100 以下

練習問題

【1】　動植物油類の性状として，次のうち誤っているものはどれか。

(1)　水よりも軽い物質である。

(2)　蒸発しにくい物質である。

(3)　常温（20〔℃〕）で引火しやすい物質である。

(4)　冬季には固化するものもある。

【2】　動植物油類の性状として，次のうち誤っているものはどれか。

(1)　液体の比重は1より大きい。

(2)　引火点は250〔℃〕未満である。

(3)　常温（20〔℃〕）では蒸発しにくい。

(4)　灯油よりも引火点が高い。

【3】　動植物油類について，次のうち誤っているものはどれか。

(1)　動物の脂肪や植物の種子などから採取される油である。

(2)　常温（20〔℃〕）では，ほとんどのものが固体であるが，ある程度まで温度が高くなると液体になる。

(3)　液体の比重は，1より小さいので水に浮く。

(4)　ボロ布などにしみ込んだものは，自然発火するものがある。

【4】　動植物油類の性状について，次のうち誤っているものはどれか。

(1)　乾性油，半乾性油及び不乾性油に分類できる。

(2)　アマニ油は乾性油であり，ひまし油は不乾性油である。

(3)　ヨウ素価の大きい油は，自然発火しやすい。

(4)　不乾性油は，最も自然発火の危険性が大きい。

【5】　動植物油類のうち，乾性油がしみ込んだ繊維や紙などを放置しておくと自然発火することがある。その理由として，次のうち最も適当なものはどれか。

(1)　油が空気中の水分と作用して発火点の低い物質ができる。

(2)　油が酸化されて発火点の低い物質ができる。

(3)　油が繊維や紙などと反応して熱が発生し，発火点に達する。

(4)　油が空気中の酸素で酸化され，その酸化熱が蓄積して発火点に達する。

【6】　動植物油類のうち乾性油が最も自然発火を起こしやすい状態にあるのは，次のうちどれか。

(1)　長い時間貯蔵したため変質したものを使用しているとき。

(2)　密閉容器に貯蔵されたものが，気温の上昇などにより膨張したとき。

(3)　繊維や紙などにしみ込んだものが，通風の悪い場所に大量に推積されているとき。

(4)　長時間直射日光にさらされているとき。

総合問題

【1】　法に定める危険物について，次のうち誤っているものは，次のうちどれか。

(1)　ガソリンは，第 1 石油類に該当する。
(2)　灯油は，第 2 石油類に該当する。
(3)　重油は，第 3 石油類に該当する。
(4)　グリセリンは，第 4 石油類に該当する。

【2】　次のうち誤っているものはどれか。

(1)　ガソリンには自動車用・航空用及び工業用がある。
(2)　灯油は燃料用だけでなく，溶剤，洗浄用などにも用いられる。
(3)　重油は水に溶けない。
(4)　軽油は自動車ガソリンと間違わないように，オレンジ色に着色されている。

【3】　常温において，引火の危険性が最も大きいものは次のうちどれか。

(1)　灯油
(2)　重油
(3)　ギヤー油
(4)　ガソリン

【4】　ガソリン，灯油，軽油及び重油に共通する性状で誤っているものは，次のうちどれか。

(1)　水に溶けない。
(2)　液温が常温（20〔℃〕）程度で引火する。
(3)　静電気を発生しやすい。
(4)　蒸気は空気より重い。

【5】　油類について，次のうち誤っているものはどれか。

(1)　灯油は無色又は淡黄色の液体で特有の臭いがある。

(2)　軽油は，ガソリンより蒸発しにくい。

(3)　乾性油（アマニ油）は，ボロ布などの繊維にしみ込んでいると自然発火の危険性がある。

(4)　ガソリンが少し残っているポリ容器に灯油を入れてよく混ぜれば，石油ストーブに使用しても危険性はない。

【6】　丙種危険物取扱者が取り扱うことのできる危険物に共通する性状について，次のうち正しいものはどれか。

(1)　いずれも無色無臭である。

(2)　いずれも蒸気は空気より軽い。

(3)　いずれも水，アルコールに溶ける。

(4)　いずれも引火点，発火点を有している。

第3章

危険物に関する法　令

1. 危険物取扱者

危険物取扱者とは，危険物取扱者試験に合格し，都道府県知事から免状の交付を受けた者をいう。

1. 免状の種類と資格

項目／免状	取扱いできる危険物の種類	立ち会う権限	危険物保安監督者に選任される資格	定期点検
甲種	**消防法で定める危険物をすべ**て取り扱うことができる。	○	○※2	○
乙種（1類～6類）	**免状に指定する種類の危険物**を取り扱うことができる。	○※1	○※2	○
丙種	**ガソリン** **灯油** **軽油** **第3石油類のうち重油，潤滑油**及び引火点が130〔℃〕以上のものに限る（グリセリンなど） **第4石油類**（ギヤー油，シリンダー油など） **動植物油類**（アマニ油，ゴマ油なたね油など）	×	×	○

※1　当該免状に指定する類の危険物に限り立会いができる。

※2　6ヶ月以上の危険物取扱いの実務経験を有するもの。

1. 丙種危険物取扱者

① 第4類危険物のうち，**免状に指定された危険物**は，取り扱うことができる。

② 無資格者が行う危険物取扱いの**立会いはできない**。

③ **危険物保安監督者になれない**。

④ **定期点検はできる**。

⑤ 移動タンク貯蔵所で危険物を移送する場合，**移送する危険物を取り扱うことのできる危険物取扱者が同乗すること**。

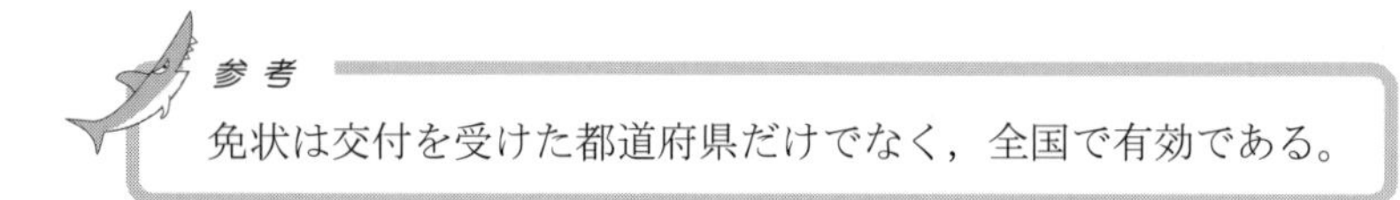

2．危険物取扱者の責務

① 危険物の取扱作業に従事するときは，貯蔵，取扱いの技術上の基準を遵守する。

② 危険物の保安について細心の注意を払う。

3．無資格者の危険物の取扱い作業における立会い

製造所等において**無資格者**（危険物取扱者以外の者）は，**甲種危険物取扱者**又は当該危険物を取り扱うことができる**乙種危険物取扱者**が**立会えば**，危険物を**取り扱うことができる**。

丙種危険物取扱者は立会いはできない。

立会いを行う者は，技術上の基準に従って危険物を取り扱うように**監督**するとともに**指示**を行う。

参考

製造所等において，経営者や危険物保安監督者の指示があっても，指定数量未満の危険物であっても立会いがなければ無資格者は危険物の取扱いはできない。

練習問題

【1】　丙種危険物取扱者が取り扱うことができる危険物は，次のうちいくつあるか。

ジエチルエーテル	黄リン
灯　油	ガソリン
重　油	メタノール
硝　酸	軽　油
過酸化水素	

(1)　4つ　　(2)　5つ　　(3)　6つ　　(4)　7つ

【2】　丙種危険物取扱者が取り扱うことができる危険物のみの組合せとして，次のうち正しいものはどれか。

(1)　ガソリン，灯油，重油，潤滑油，ギヤー油

(2)　ガソリン，軽油，エタノール，重油

(3)　ギヤー油，重油，軽油，ジエチルエーテル

(4)　灯油，アセトン，エタノール，ごま油

【3】　製造所等で，危険物取扱者以外の者が危険物を取り扱う場合の立会いについて，次のうち誤っているものはどれか。

(1)　甲種危険物取扱者は，すべての危険物の取扱いについて立会いができる。

(2)　丙種危険物取扱者は，アルコールの取扱いについて立会いはできない。

(3)　乙種危険物取扱者は，当該免状に指定する類の危険物を取り扱うときに限り立会いができる。

(4)　丙種危険物取扱者は，当該免状に指定する危険物を取り扱うときに限り立会いができる。

【4】　丙種危険物取扱者について，次のうち正しいものはどれか。

(1)　製造所等において，第4類危険物のうち規則で定めるもののみを取り扱うことができる。

(2)　製造所等において，アルコール類の取扱いについて立会いができる。

(3)　製造所等において，第4類のすべての危険物を取り扱うことができる。

(4)　製造所等において，危険物取扱者以外の者が危険物を取り扱う場合に，立会いをすることができる。

【5】　丙種危険物取扱者について，次のうち正しいものはどれか。

(1)　免状に指定された危険物に限り，自ら取り扱うことができる。

(2)　免状に指定された危険物に限り，危険物の取扱い作業に立ち会うことができる。

(3)　免状の交付を受けていても，所有者等から選任されなければ，危険物の取扱いはできない。

(4)　危険物保安監督者になることができる。(p.53参照)

【6】　危険物取扱者について，次のうち誤っているものはどれか。

(1)　危険物取扱者は，製造所等において危険物の取扱作業に従事するときは，危険物の貯蔵又は取扱いの技術上の基準を遵守するとともに，当該危険物の保安の確保について細心の注意を払わなければならない。

(2)　丙種危険物取扱者が製造所等において取り扱うことができる危険物は，ガソリン，灯油，軽油，第3石油類（重油，潤滑油及び引火点130〔℃〕以上のものに限る），第4石油類及び動植物油類に限られる。

(3)　危険物取扱者は，法又は法に基づく命令の規定に違反したときは罰せられるが，免状の返納を命じられることはない。(p.49参照)

(4)　丙種危険物取扱者は，定期点検を行うことができる。

2. 危険物取扱者免状

① 交　付

交付

危険物取扱者試験に合格した者 —申請→ 試験を行った**都道府県知事**

② 書換え（記載事項の変更）

- 氏名が変わったとき
- 本籍地の属する都道府県を変えたとき
- 免状の写真が10年経過したとき

—申請→ 免状を交付した，若しくは居住地又は勤務地の**都道府県知事**

③ 再交付

免状の亡失・滅失・汚損・破損したとき —申請→ 免状を交付又は書き換えをした**都道府県知事**

再交付後，亡失した免状を発見したとき —10日以内に 提出・返却→ 免状の再交付を受けた**都道府県知事**

- 危険物取扱者免状は，更新する必要はない。
- 現住所，勤務先の変更は届け出る必要はない。

法令遵守義務と違反に対する措置

免状の返納命令

都道府県知事は，危険物取扱者が消防法または消防法に基づく**命令規定に違反しているときは，免状の返納を命じることができる。**

返納命令を受けた者は，命令を受けた日から**1**年以内は免状の再交付は受けられない。

免状の不交付

法令に違反し**罰金以上の刑罰を受けた者**は刑執行後**2年以内**は免状が交付されない。

練習問題

【1】　免状について，次のうち誤っているものはどれか。

(1)　免状は，3年ごとに更新をしなければならない。

(2)　消防法令に違反したときは，都道府県知事より免状の返納を命ぜられることがある。

(3)　免状は取得した都道府県の範囲内だけでなく全国有効である。

(4)　免状の記載事項に変更を生じたときは，居住地又は勤務地の都道府県知事に書換えを申請しなければならない。

【2】　免状の書換えが必要な事項として，次のうち誤っているものはどれか。

(1)　氏名が変わったとき。

(2)　現住所を変えたとき。

(3)　本籍地の属する都道府県を変えたとき。

(4)　撮影した写真が10年を超えたとき。

【3】　免状の再交付申請先として，次のうち正しいものはどれか。

(1)　居住地を管轄する市町村長。

(2)　本籍地を管轄する都道府県知事。

(3)　当該免状の交付又は書換えをした都道府県知事。

(4)　身分を証明するものがあれば，どこの市町村長又は都道府県知事でもよい。

【4】　免状の書換え又は再交付について，次のうち誤っているものはどれか。

(1)　勤務先が変わったので免状の書換えを申請した。

(2)　免状を破損したので免状の再交付を申請した。

(3)　結婚して姓が変わったので免状の書換えを申請した。

(4)　免状を亡失したので免状の再交付を申請した。

【5】　法令上，次の文の（　）内に当てはまるものはどれか。

「免状を亡失してその再交付を受けた者は，亡失した免状を発見した場合は，これを（　）に免状の再交付を受けた都道府県知事に提出しなければならない。」

(1)　速やか

(2)　5日以内

(3)　10日以内

(4)　30日以内

3. 保安講習

危険物の取扱作業に従事している危険物取扱者（受講義務者）は，一定期間ごとに都道府県知事が行う保安に関する講習を受けなければならない。

① 継続して危険物取扱い作業に従事している者

免状の交付日又は受講した日の以後における最初の4月1日から3年以内に受講

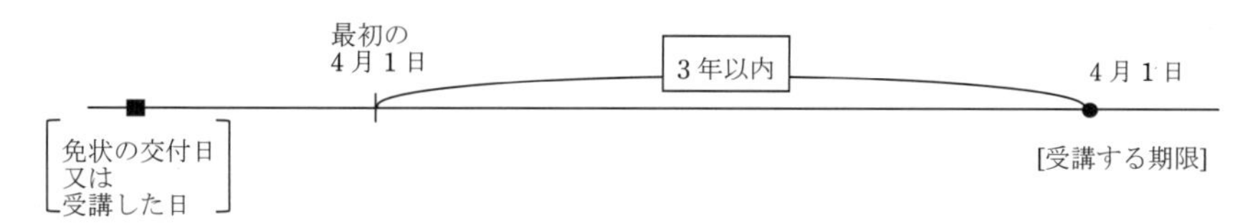

② 新たに従事する者

従事することになった日から起算して過去2年を超えて危険物取扱者免状の交付又はその講習を受けている場合は，免状の免許交付またはその従事することとなった日から1年以内に受講

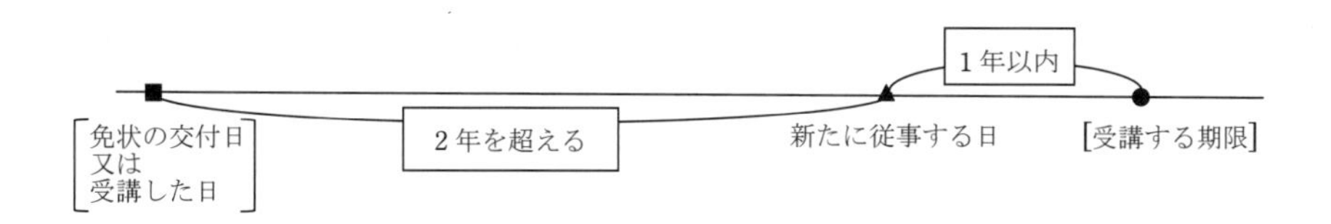

③ 新たに従事する者のうち，従事することになった日の過去2年以内に免状の交付 又は講習を受講した者

免許交付またはその従事することとなった日以後における最初の4月1日から3年以内に受講

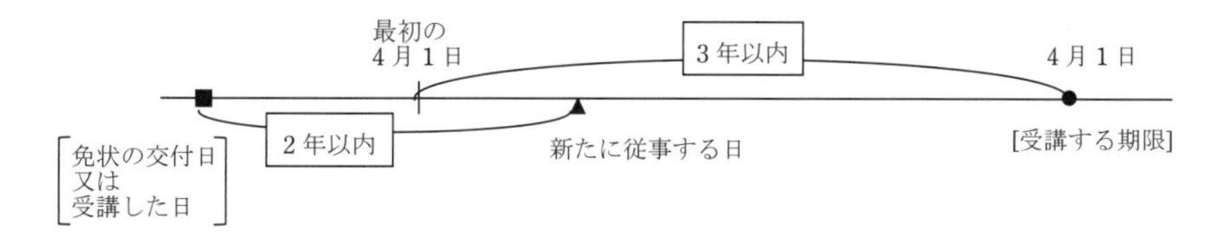

- 危険物の法令に違反した者を対象とした講習ではない。
- どこの都道府県でも受講できる。
- 免状を持っていても，危険物の取扱作業に従事していない者は受講する義務はない。

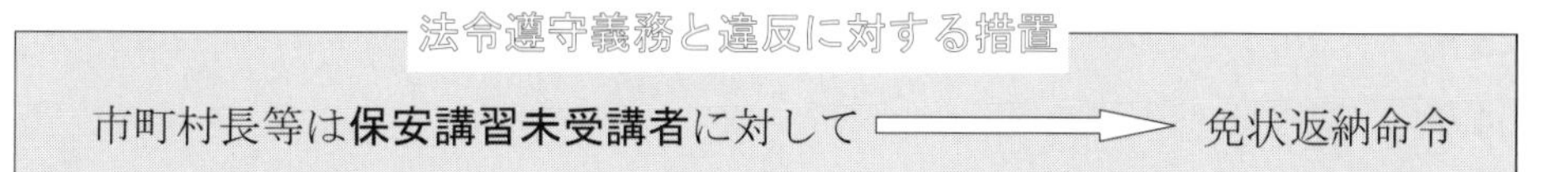

練習問題

【1】 危険物の取扱作業の保安に関する講習の受講対象者は，次のうちどれか。

(1) 過去3年以内に，消防関係法令に違反したことのある危険物取扱者。

(2) すべての危険物取扱者。

(3) 免状の再交付を受けた者。

(4) 製造所等において，危険物の取扱作業に従事している危険物取扱者。

【2】 危険物の取扱作業の保安に関する講習について，次のうち正しいものはどれか。

(1) 危険物保安監督者に限って，講習を受けなければならない。

(2) 丙種危険物取扱者は受講義務はない。

(3) 製造所等において危険物の取扱作業に従事する危険物取扱者が，一定期間ごとに受けなければならない。

(4) 免状を取得した者は，取得した日から1年以内に講習を受けなければならない。

【3】 危険物の取扱作業の保安に関する講習について，次のうち誤っているものはどれか。

(1) 製造所等で危険物の取扱作業に従事している危険物取扱者は，受講の対象者となる。

(2) 危険物の取扱作業に従事している丙種危険物取扱者は，受講の対象者となる。

(3) 受講義務のある危険物取扱者のうち，甲種 及び 乙種危険物取扱者は3年に1回，丙種危険物取扱者は5年に1回，それぞれ受講しなければならない。

(4) 免状の交付を受けた都道府県だけでなく，どこの都道府県で行われている講習であっても受講することが可能である。

【4】 次の文章の(　)内に当てはまる語句はどれか。

「製造所等において，継続して危険物の取扱作業に従事している危険物取扱者は，危険物の取扱作業の保安に関する講習を，原則として前回の受講日以後における最初の4月1日から(　)以内に受講しなければならない。」

(1) 2年

(2) 3年

(3) 4年

(4) 5年

2. 製造所等の保安体制

1. 保安体制

製造所等の所有者・管理者・占有者

政令で定める**製造所等の所有者等**は火災を予防するため**予防規程**を定め，**市町村長等の認可**を受けなければならない。

⇩は仕事の流れ

選任・解任

危険物保安総括管理者

事務所長など

大量の第4類危険物を取り扱っている事業所で，危険物の保安に関する**業務を統括管理する者**。

・危険物取扱者免状は必要ない。

選任・解任

資　格（p.46参照）

6か月以上の実務経験を有する

甲種危険物取扱者　乙種危険物取扱者

危険物保安監督者

危険物の取扱作業に関して**保安を監督する者**。

危険物保安監督者が**消防法等の命令に違反したときは**，市長村長等から製造所等の所有者等に対して**解任命令**を出すことができる。

立ち会い　立ち会い　指示

無資格者であっても製造所等の所有者等により選任されると，危険物施設保安員になることができる。

無 資 格 者

立会いがなければ無資格者だけで危険物を取り扱うことはできない。

危険物施設保安員

製造所等の所有者等は，保安のための業務責任者として選任し，危険物保安監督者の下で**定期点検**や各種装置の**保守管理等を行わせる。**

・危険物取扱者免状は必要ない。

※丙種危険物取扱者は，危険物保安監督者になることはできない。

練習問題

【1】　危険物取扱者について，次のうち正しいものはどれか。

(1)　丙種危険物取扱者は，危険物保安監督者になることはできない。

(2)　製造所等において6ヶ月以上の実務経験がある丙種危険物取扱者は，危険物保安監督者になることができる。

(3)　丙種危険物取扱者は，取扱いが認められている危険物であれば，その取扱作業について保安の監督をすることができる。

(4)　丙種危険物取扱者は，第4類の危険物であればその取扱作業について保安の監督をすることができる。

2. 予防規程

・**製造所等の所有者は給油取扱所等の特定の危険物施設について，自主的な保安基準**（内部規程）**を定めなければならない。**

・予防規程を定めたとき，又は変更するときは**市町村長等の認可**を受けなければならない。

定めるべき主な事項

① 危険物保安監督者がその職務を行うことができない場合にその職務を代行する者

② 危険物の保安のための巡視，点検及び検査に関すること

③ 危険物の保安に係る作業に従事する者に対する保安教育

④ 災害その他の非常の場合に取るべき措置

練習問題

【1】　法令上，予防規程に関する説明として，次のうち正しいものはどれか。

(1)　製造所等の点検について定めた規程をいう。

(2)　製造所等における危険物保安統括管理者の責務を定めた規程をいう。

(3)　製造所等の火災を予防するため，危険物の保安に関し必要な事項を定めた規程をいう。

(4)　危険物の危険性をまとめた規程をいう。

【2】　消防法により市町村長等の認可を受けなければならないもので，次のうち正しいものはどれか。

(1)　取り扱う危険物の種類を変更したとき。

(2)　危険物保安統括管理者を定めたとき。

(3)　予防規程を定めたとき。

(4)　譲渡・引き渡しを受けたとき。

3. 定期点検

特定の製造所等について，その位置，構造及び設備が技術上の基準に適合しているかどうかについて**定期的に点検し**，その**点検記録を作成して一定の期間（3年間）保存**することが義務づけられている。　※点検記録は，保存するが，市町村長等に報告する必要はない。

① **定期点検** ⇒ **1年に1回以上の実施**

② **点検記録** ⇒ **3年間（一定期間）保存**

③ **点検実施者** ⇒
- **危険物取扱者**
- **危険物施設保安員**
- 危険物取扱者の立会いがあれば**無資格者**でも行える。

④ **点検記録事項** ⇒
- 点検した製造所等の名称
- 点検年月日
- 点検方法及びその結果
- 点検を行った者の氏名

点検実施対象施設

製造所

指定数量の10倍以上及び地下タンクを有するもの

一般取扱所

指定数量の10倍以上及び地下タンクを有するもの

給油取扱所

地下タンクを有するもの

地下タンク貯蔵所

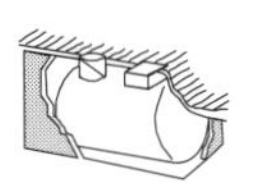

すべて必要

移動タンク貯蔵所

すべて必要

点検を必要としない製造所等 ⇒ **屋内タンク貯蔵所　簡易タンク貯蔵所　販売取扱所**

法令遵守義務と違反に対する措置

市町村長等は
定期点検の実施，記録の保存をしていない者に対し ⇒
- 危険物施設の許可の取消し
- 使用停止命令

練習問題

【1】 製造所等の定期点検について，次のうち誤っているものはどれか。

(1) 定期点検は，原則として1年に1回以上実施しなければならない。

(2) 定期点検の記録は原則として3年間保存しなければならない。

(3) 定期点検は，製造所等の位置，構造及び設備が技術上の基準に適合しているかどうかについて実施する。

(4) 定期点検は，すべての製造所等に義務づけられている。

【2】 製造所等の定期点検について，次のうち誤っているものはどれか。

(1) 移動タンク貯蔵所は定期点検を実施しなければならない製造所の1つである。

(2) 製造所等の位置，構造及び設備が技術上の基準に適合しているかどうかについて行う。

(3) 定期点検を実施していない製造所等は，使用停止命令又は許可の取消しの対象となる。

(4) 危険物保安監督者以外の者は，定期点検を実施することができない。

【3】 製造所等の定期点検について，次のうち誤っているものはどれか。

(1) 定期点検を行わなければならない製造所等の中には，危険物を取り扱うタンクで，地下にあるものを有する給油取扱所及び移動タンク貯蔵所が含まれている。

(2) 丙種危険物取扱者は，定期点検の実施者になることができる。

(3) 定期点検は，原則として危険物取扱者又は危険物施設保安員が行わなければならない。

(4) 定期点検記録は，不良箇所が改修されるまでの間，保存すればよい。

【4】 定期点検を実施しなくてもよい製造所等は，次のうちどれか。

(1) 移動タンク貯蔵所

(2) 地下タンク貯蔵所

(3) 地下タンクを有する製造所

(4) 簡易タンク貯蔵所

3. 危険物と法令

消防法で**危険物**とは,「**別表の品名欄**に掲げる物品で,同表に定める区分に応じ同表の性質欄に掲げる性状を有するもの」と定められ,**第1類から第6類**までに分類され,その類ごとに品名を指定している。

1. 消防法上の危険物

類　別	性　質	品　　名　（詳しくは消防法別表を参照）
第1類	**酸化性固体**	塩素酸カリウムなど
第2類	**可燃性固体**	固形アルコールなど
第3類	**自然発火性物質及び禁水性物質**	カリウムなど
第4類	**引火性液体**	**特殊引火物**……ジエチルエーテル・二硫化炭素 など **第1石油類**……ガソリン・ベンゼン・トルエン など **アルコール類**……メタノール・エタノール など **第2石油類**……灯油・軽油・さく酸 など **第3石油類**……重油・クレオソート油・グリセリン など **第4石油類**……ギヤー油・シリンダー油 など **動植物油類**……ヤシ油・アマニ油・ごま油 など
第5類	**自己反応性物質**	過酸化ベイゾイルなど
第6類	**酸化性液体**	硝酸など

練習問題

【1】　法別表の第4類の危険物の品名の欄に掲げられていないものは次のうちどれか。

(1)　灯油　　(2)　シリンダー油　　(3)　固形アルコール　　(4)　ベンゼン

【2】　法別表の危険物について,次のうち誤っているものはどれか。

(1)　第1類から第6類までに分類されている。
(2)　重油は,第3石油類に該当する。
(3)　灯油,軽油は,第4類第4石油類に区分される。
(4)　ガソリンは第1石油類に該当する。

【3】　法別表の危険物について,次のうち正しいものはどれか。

(1)　甲種危険物及び乙種危険物に区分されている。
(2)　液体又は固体の可燃性物品は,すべて危険物に該当する。
(3)　危険物とは「法別表に掲げる自己反応性又は可燃性物品をいう。」と定義されている。
(4)　危険物とは,法別表第一の品名欄に掲げる物品で,同表に定める区分に応じ同表の性質欄に掲げる性状を有するものをいう。

2. 指定数量

1. **指定数量**とは，危険物について，**「その危険性を勘案して政令で定められた数量」**を指し，指定数量の少ないものほど危険性が高く，多くなると危険性が低くなる。

消防法別表による第4類危険物の品名と指定数量

品名		指定数量		危険性
特殊引火物			50〔ℓ〕	大 ↑ ↓ 小
第1石油類	非水溶性	**ガソリン**，ベンゼン，トルエン	**200**〔ℓ〕	
	水溶性	アセトン	400〔ℓ〕	
アルコール類			400〔ℓ〕	
第2石油類	非水溶性	**灯油・軽油**	**1,000**〔ℓ〕	
	水溶性	氷さく酸，ぎ酸	2,000〔ℓ〕	
第3石油類	非水溶性	**重油**，クレオソート油	**2,000**〔ℓ〕	
	水溶性	グリセリン	4,000〔ℓ〕	
第4石油類（ギヤー油，シリンダー油）			**6,000**〔ℓ〕	
動植物油類（ヤシ油，アマニ油，ごま油）			**10,000**〔ℓ〕	

2. **同一場所において**1種類，または2種類以上の**危険物を貯蔵する場合や取り扱うときの倍数計算**は次のように行う。

① 品名が1種類の危険物の倍数計算

倍数は，危険物の貯蔵量を危険物の指定数量で割って求める。

$$\frac{\text{Aの貯蔵量}}{\text{Aの指定数量}} = \text{指定数量の倍数}$$

例題　ガソリン100〔ℓ〕を貯蔵するとき，指定数量の何倍になるか。

［解説］ガソリンの指定数量は200〔ℓ〕

式に当てはめると $\frac{\text{(ガソリンの貯蔵量)}\ 100}{\text{(ガソリンの指定数量)}\ 200} = 0.5$〔倍〕　　答　0.5〔倍〕

② 品名が2種類以上の危険物の倍数計算

$$\frac{\text{Aの貯蔵量}}{\text{Aの指定数量}} + \frac{\text{Bの貯蔵量}}{\text{Bの指定数量}} \cdots = \text{指定数量の倍数}$$

例題　ガソリン100〔ℓ〕，灯油800〔ℓ〕を貯蔵する場合，その総量は指定数量の何倍か。

［解説］ガソリンの指定数量は200〔ℓ〕，灯油の指定数量は1,000〔ℓ〕

式に当てはめると $\frac{100}{200} + \frac{800}{1,000} = 0.5 + 0.8 = 1.3$　　答　1.3〔倍〕

練習問題

【1】　指定数量について，次のうち正しいものはどれか。

(1)　危険性が大きいものほど指定数量は大きい。

(2)　倍数は，危険物の貯蔵量を危険物の指定数量で割って求める。

(3)　灯油と重油の指定数量は同じである。

(4)　指定数量とは，危険物について，その安全性を勘案して政令で定められた数量である。

【2】　次の記述のうち，誤っているものはどれか。

(1)　第1石油類非水溶性液体の指定数量は200〔ℓ〕で，これにはガソリン等が該当する。

(2)　第3石油類非水溶性液体の指定数量は4,000〔ℓ〕で，これには重油等が該当する。

(3)　第2石油類非水溶性液体の指定数量は1,000〔ℓ〕で，これには軽油等が該当する。

(4)　第4石油類の指定数量は6,000〔ℓ〕で，これにはシリンダー油等が該当する。

【3】　指定数量について，次のうち誤っているものはどれか。

(1)　動植物油類20,000〔ℓ〕は，指定数量の2倍である。

(2)　灯油2,000〔ℓ〕は，指定数量の2倍である。

(3)　ガソリン600〔ℓ〕は，指定数量の3倍である。

(4)　重油4,000〔ℓ〕は，指定数量の4倍である。

【4】　指定数量について，次のうち正しいものはどれか。

(1)　ガソリンの指定数量は，200〔ℓ〕入りの金属製ドラム2本分である。

(2)　灯油の指定数量は，200〔ℓ〕入りの金属製ドラム3本分である。

(3)　重油の指定数量は，200〔ℓ〕入りの金属製ドラム10本分である。

(4)　ギヤー油の指定数量は，200〔ℓ〕入りの金属製ドラム20本分である。

【5】　ガソリンと灯油を同一の貯蔵所で貯蔵する場合，指定数量の倍数を求める計算式として，次のうち正しいものはどれか。

(1)　$\dfrac{\text{ガソリンの貯蔵量}}{\text{ガソリンの指定数量}} + \dfrac{\text{灯油の貯蔵量}}{\text{灯油の指定数量}}$

(2)　$\dfrac{\text{ガソリンの指定数量}}{\text{ガソリンの貯蔵量}} + \dfrac{\text{灯油の指定数量}}{\text{灯油の貯蔵量}}$

(3)　$\dfrac{(\text{ガソリンの貯蔵量} + \text{灯油の貯蔵量})}{(\text{ガソリンの指定数量} + \text{灯油の指定数量})}$

(4)　$\dfrac{(\text{ガソリンの指定数量} + \text{灯油の指定数量})}{(\text{ガソリンの貯蔵量} + \text{灯油の貯蔵量})}$

【6】 危険物を同一の貯蔵所で貯蔵する場合，指定数量の倍数の合計の最も大きい組合せは，次のうちどれか。

(1) 軽油 1,000〔ℓ〕とガソリン 500〔ℓ〕。
(2) 重油 2,000〔ℓ〕と灯油 3,000〔ℓ〕。
(3) ガソリン 500〔ℓ〕と第 4 石油類 3,000〔ℓ〕。
(4) 重油 3,000〔ℓ〕と軽油 3,000〔ℓ〕。

【7】 移動タンク貯蔵所においてガソリン 2,000〔ℓ〕，軽油 2,000〔ℓ〕，灯油 4,000〔ℓ〕を貯蔵しているとき，貯蔵量の合計は指定数量の何倍になるか。

(1) 4.0 倍　(2) 8.0 倍　(3) 16.0 倍　(4) 24.0 倍

【8】 屋内貯蔵所ですでにガソリン1000〔ℓ〕が貯蔵されている。これに加えて指定数量の6 倍を超えないように貯蔵しようとした場合，貯蔵できるものは，次のうちどれか。

(1) ガソリン・・・・・・1,000〔ℓ〕
(2) 灯　油・・・・・・2,000〔ℓ〕
(3) 軽　油・・・・・・1,500〔ℓ〕
(4) 重　油・・・・・・1,500〔ℓ〕

【9】 灯油 300〔ℓ〕と重油 400〔ℓ〕とを貯蔵する指定数量未満の貯蔵庫にガソリン 300〔ℓ〕を追加しようとしたら，指定数量を超えると指摘された。追加した場合の危険物の総貯蔵量は，指定数量の何倍になるか。

(1) 2.0 倍
(2) 2.5 倍
(3) 3.0 倍
(4) 3.5 倍

【10】 同一の場所で，次の表に掲げる同じ類の危険物 A～C を貯蔵する場合，貯蔵量は指定数量の何倍になるか。

	指定数量	貯蔵量
危険物 A	200〔ℓ〕	100〔ℓ〕
危険物 B	1,000〔ℓ〕	500〔ℓ〕
危険物 C	2,000〔ℓ〕	3,000〔ℓ〕

(1) 0.9 倍
(2) 1.1 倍
(3) 2.5 倍
(4) 4.7 倍

3. 危険物の法規制

危険物の法規制
- 貯蔵・取扱いの規制
  - 指定数量倍数１以上
    - **危険物施設として規制**
      「危険物の規制に関する政令」による規制
      原則として，製造所，貯蔵所及び取扱所を設置し，それ以外の場所で指定数量以上の危険物を取り扱ってはならない。
    - **仮貯蔵・仮取扱いとして規制**
      例外として，**消防長又は消防署長の承認**を受け，指定数量以上の危険物を**10日以内**の期間に限り**仮貯蔵・仮取扱い**ができる。又，貯蔵量・取扱量に制限はない。
  - 指定数量倍数１未満
    - **市町村条例**（火災予防条例）による規制
      消防長又は消防署長に届け出
- 運搬の規制
  - 数量に関係なく指定数量未満であっても運搬方法・容器等を規制
  - ただし，航空機，船舶，鉄道などによる危険物の貯蔵・取扱い，又は運搬については消防法は適用されない。

参考
仮貯蔵を除き，製造所等以外の場所で危険物の貯蔵・取扱いはできない。

練習問題

【1】 次の文の（　）内の(A)～(C)に当てはまる語句の組合せのうち，正しいものはどれか。

「指定数量以上の危険物は，貯蔵所以外の場所でこれを貯蔵し，または製造所，貯蔵所及び取扱所以外の場所でこれを取り扱ってはならない。

ただし，(A)の(B)を受けて(C)日以内の期間，仮に貯蔵し，または取り扱う場合は，この限りでない。」

	(A)	(B)	(C)
(1)	都道府県知事	許可	10
(2)	市町村長等	許可	5
(3)	市町村長等	承認	10
(4)	所轄消防長または消防署長	承認	10

【2】 指定数量未満の危険物を貯蔵し，又は取り扱う場合の基準について，次のうち正しいものはどれか。

(1)　特に定めはない。
(2)　指定可燃物として定められている。
(3)　市町村条例で定められている。
(4)　都道府県条例で定められている。

4. 製造所等の各種の手続き

1. 設置許可・譲渡，引渡し・用途廃止 など

1. 設置許可並びに位置，構造又は設備の変更許可と使用開始

許可申請から使用開始まで

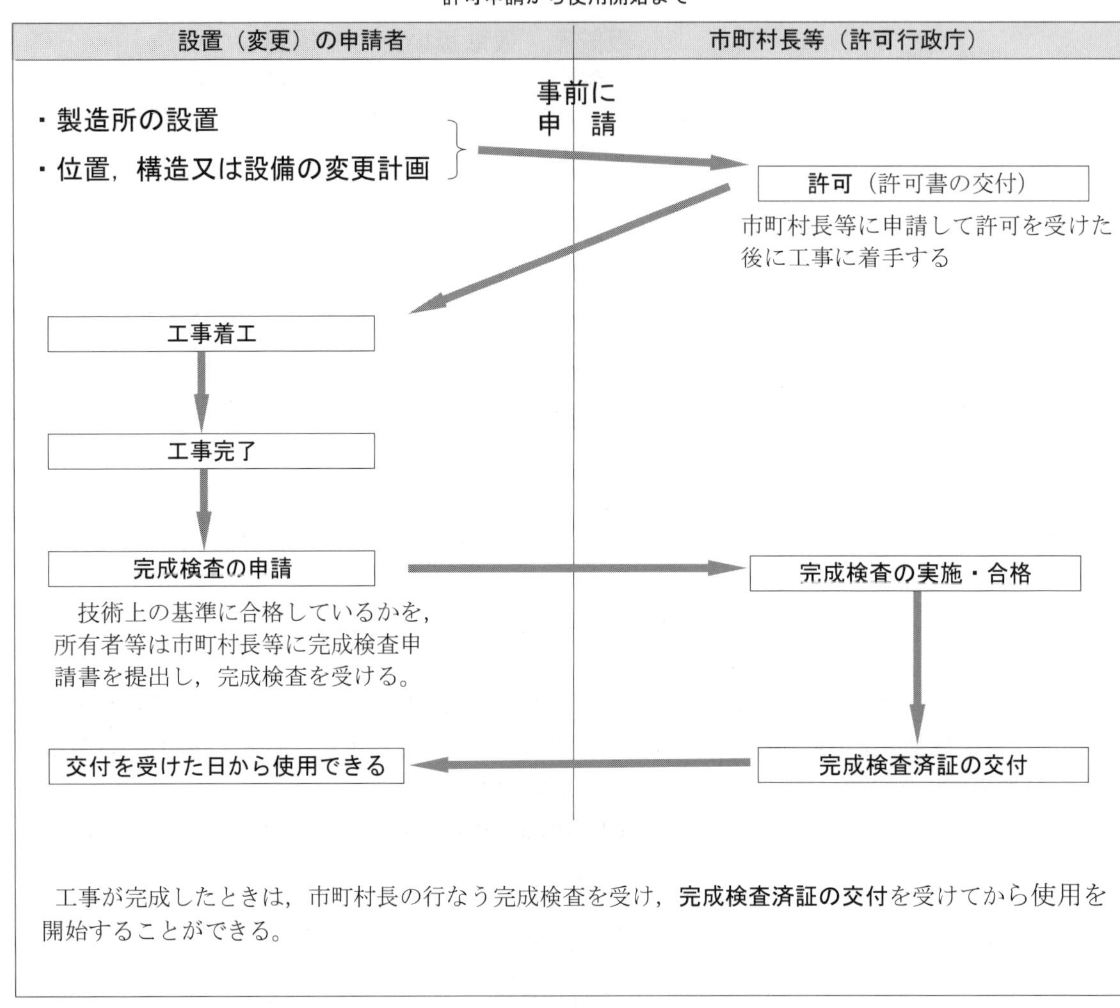

工事が完成したときは，市町村長の行なう完成検査を受け，**完成検査済証の交付**を受けてから使用を開始することができる。

2. 譲渡又は引渡しを受けた者　—遅滞なく 届出→　市町村長等

3. 用途を廃止したとき製造所等の所有者　—遅滞なく 届出→　市町村長等

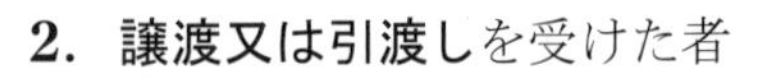

4. 品名，数量又は指定数量の倍数のみの変更　—変更しようとする日の10日前までに 届出→　市町村長等

練習問題

【1】　製造所等を設置するときの手続きとして，次のうち正しいものはどれか。

(1)　設置する区域を管轄する市町村長等に設置の届出をする。
(2)　設置する区域を管轄する都道府県知事に設置の届出をする。
(3)　設置する区域を管轄する消防署長に設置の届出をする。
(4)　設置する区域を管轄する市町村長等に設置の許可申請をする。

【2】　製造所等の位置，構造，設備を変更した場合，使用開始が認められる時期として，次のうち正しいものはどれか。

(1)　工事が完了したとき。
(2)　完成検査済証の交付を受けたとき。
(3)　変更許可を受けたとき。
(4)　完成検査を申請したとき。

【3】　製造所等に関する手続きとして，次のうち正しいものはどれか。

(1)　製造所等の位置，構造又は設備を変更したときは，市町村長に届出しなければならない。
(2)　製造所等の設置又は変更の工事が完了したときは，市町村長等に完成検査申請書を提出し，完成検査を受けなければならない。
(3)　製造所等の引渡しを受けたときは，10日以内に所轄消防長又は消防署長の承認を受けなければならない。
(4)　製造所等の用途を廃止するときは，都道府県知事の認可を受けなければならない。

【4】　製造所等の所有者が遵守しなければならない事項として，次のうち誤っているものはどれか。

(1)　製造所等の譲渡又は引渡しを受けたときは，遅滞なくその旨を市町村長等に届け出る。
(2)　製造所等の設置又は変更の工事が完成したときは，市町村長等が行う，完成検査を受ける。
(3)　製造所等を設置する場合は，工事が完了するまでに，市町村長等の設置許可を受ける。
(4)　製造所等の位置，構造又は設備を変更しようとするときは，市町村長等の変更許可を受ける。

【5】　製造所等において，位置，構造又は設備を変更しないで，取り扱う危険物の品名，数量又は指定数量の倍数を変更しようとする場合の手続きとして，次のうち正しいものはどれか。

(1)　変更する前日までに市町村長等の許可を受ける。
(2)　変更しようとする日の10日前までに市町村長等に届け出る。
(3)　変更する前日までに消防長又は消防署長の承認を受ける。
(4)　変更後の10日以内に市町村長等に届け出る。

2. 仮使用

変更工事着手から完成検査済証の交付までの間は，原則として，**変更に係る部分以外の部分**についても，その使用が禁止されるが，**市町村長等に申請してその承認**を受けた場合は，**仮に使用することができる。**

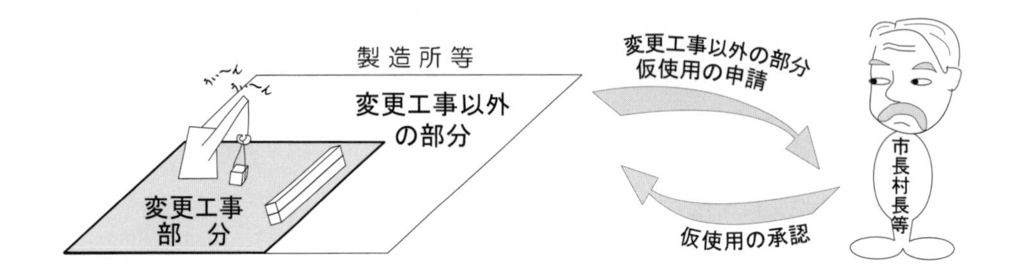

練習問題

【1】　製造所等の位置，構造又は設備の変更で変更の工事に係る部分以外の部分を完成検査前に仮に使用することができるのは，次のうちどれか。

(1)　消防署長に届け出たとき。

(2)　消防署長に申請したとき。

(3)　市町村長等に届け出たとき。

(4)　市町村長等の承認を受けたとき。

【2】　製造所等の仮使用について，次のうち正しいものはどれか。

(1)　製造所等の設置工事が終了した場合に，完成検査前に仮に使用することである。

(2)　製造所等の位置，構造又は設備の変更で，工事が終了した部分から徐々に使用することである。

(3)　製造所等の位置，構造又は設備の変更工事中に，危険物を大量に貯蔵しなければならなくなったとき，臨時に貯蔵することである。

(4)　製造所等を変更するときに，工事する部分以外の部分の全部又は一部について，市町村長等の承認を受けて仮に使用することである。

5. 危険物の規制に関する政令・規則

1. 製造所等の区分

指定数量以上の危険物を取り扱う施設は**製造所・貯蔵所・取扱所**の３つに分類され，これらを総称して**製造所等**という。

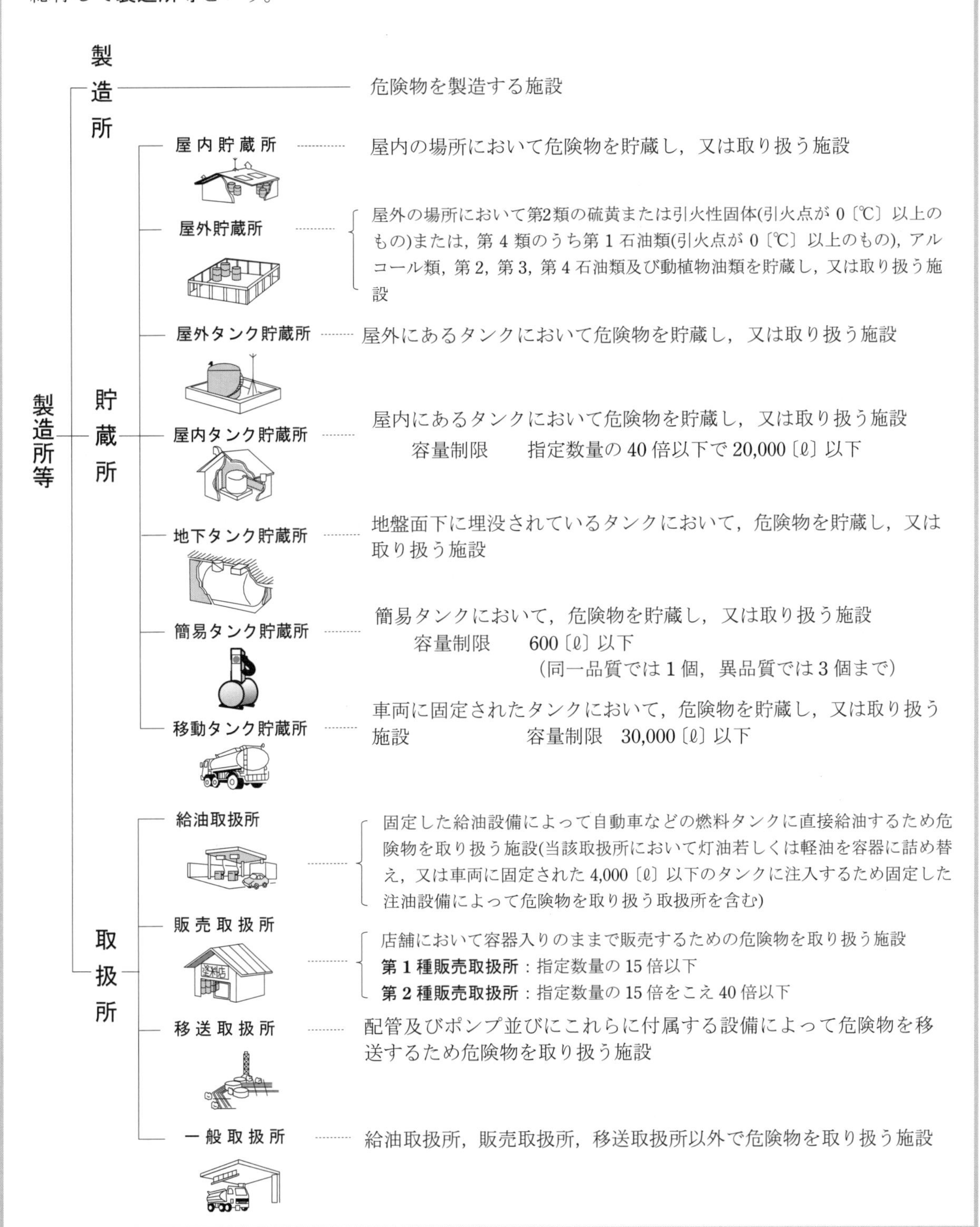

【1】 貯蔵所及び製造所の区分に関する一般的な説明として，次のうち誤っているものはどれか。

(1) 移送取扱所……………移動貯蔵タンクで移送するため危険物を取り扱う取扱所
(2) 屋内タンク貯蔵所………屋内にあるタンクにおいて危険物を貯蔵し，又は取り扱う貯蔵所
(3) 第1種販売取扱所………店舗において容器入りのままで販売するため指定数量の15倍以下の危険物を取り扱う取扱所
(4) 屋内貯蔵所……………屋内の場所において危険物を貯蔵し，又は取り扱う貯蔵所

【2】 貯蔵所及び取扱所の区分に関する一般的な説明として，次のうち誤っているものはどれか。

(1) 給油取扱所…………配管及びポンプ並びにこれらに付属する設備によって地下タンク又は屋内タンク等に給油するため危険物を取り扱う取扱所
(2) 地下タンク貯蔵所……地盤面下に埋没されているタンクにおいて危険物を貯蔵し又は取り扱う貯蔵所
(3) 簡易タンク貯蔵所……簡易タンクにおいて危険物を貯蔵し，又は取り扱う貯蔵所
(4) 移動タンク貯蔵所……車両に固定されたタンクにおいて，危険物を貯蔵し，又は取り扱う施設

【3】 貯蔵所の区分に関する一般的な説明として，次のうち誤っているものはどれか。

(1) 屋内貯蔵所…………屋内の場所において危険物を貯蔵し，又は取り扱う貯蔵所
(2) 一般取扱所…………給油取扱所，販売取扱所，移送取扱所以外で危険物を取り扱う施設
(3) 屋外タンク貯蔵所……屋外のタンクにおいて危険物を貯蔵し，又は取り扱う貯蔵所
(4) 屋外貯蔵所…………屋外の場所において，第4類危険物のうち特殊引火物を除く危険物を貯蔵し，又は取り扱う貯蔵所

【4】 貯蔵所の区分において，ガソリンを貯蔵できない貯蔵所は，次のうちどれか。

(1) 屋外タンク貯蔵所
(2) 屋外貯蔵所
(3) 屋内タンク貯蔵所
(4) 地下タンク貯蔵所

2. 保安距離

保安距離とは製造所等の火災・爆発等の災害より住宅，学校，病院等の保安対象物の延焼を防ぎ，避難の目的から一定の距離を定めたものである。

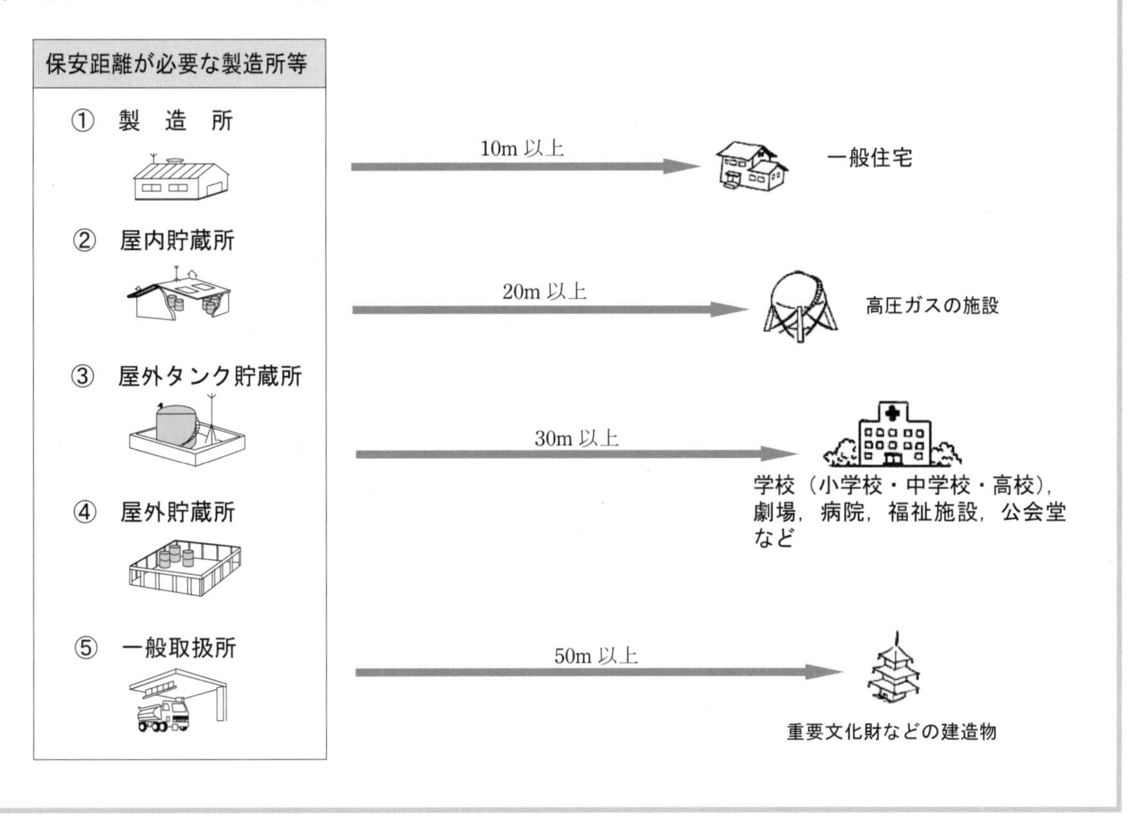

練習問題

【1】　学校，病院など多数の人を収容する施設から原則として30〔m〕以上の距離を保たなければならない製造所等は，次のうちどれか。ただし，特例基準を適用する製造所等は除く。

(1)　屋外貯蔵所　　(2)　移動タンク貯蔵所
(3)　給油取扱所　　(4)　第1種販売取扱所

【2】　製造所等の保安距離について，次のうち誤っているものはどれか。

(1)　中 学 校・・・・・30m 以上　　(2)　一般住宅・・・・・30m 以上
(3)　劇　　場・・・・・30m 以上　　(4)　病　　院・・・・・30m 以上

【3】　保安距離を必要とする製造所等の組合せは次のうちどれか。

(1)　屋内タンク貯蔵所，屋内貯蔵所，一般取扱所
(2)　屋内貯蔵所，屋外タンク貯蔵所，地下タンク貯蔵所
(3)　製造所，屋内貯蔵所，屋外貯蔵所
(4)　地下タンク貯蔵所，給油取扱所，屋外貯蔵所

3. 保有空地

保有空地とは**消火活動及び延焼防止のため**に製造所等の周囲に**確保しなければならない空地**である。また，保有空地は製造所等により幅は異なるが，原則として**いかなる物品も置くことはできない。**

空地の幅は危険物施設の種類や規模によって定められている。

保有空地を設けなければならない製造所等

① 製　造　所

② 屋内貯蔵所

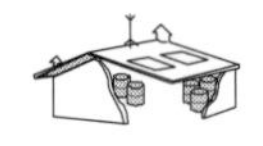

③ 屋外タンク貯蔵所

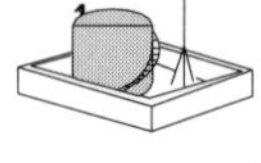

④ 一般取扱所

⑤ 屋外貯蔵所

⑥ 簡易タンク貯蔵所（屋外）

⑦ 移送取扱所（地上設置）

保有空地を必要としない製造所等 ⇒ **屋内タンク貯蔵所　地下タンク貯蔵所　移動タンク貯蔵所　給油取扱所　販売取扱所**

練習問題

【1】　製造所等の中には，原則として周囲に一定の空地を確保しなければならないものがある。この空地を保有する目的は次のうちどれか。

(1)　運搬容器の積みおろし作業を円滑にするため。

(2)　通行しやすくするため。

(3)　火災時の延焼防止及び消火活動を容易にするため。

(4)　空容器などの保管場所とするため。

【2】　危険物を貯蔵し，又は取り扱う建築物，その他の工作物の周囲に原則として，空地（保有空地）を必要とする製造所等の組合せは次のうちどれか。

(1)　屋外タンク貯蔵所と地下タンク貯蔵所　　(2)　屋内貯蔵所と移動タンク貯蔵所

(3)　地下タンク貯蔵所と移送取扱所　　(4)　製造所と屋外貯蔵所

【3】　製造所等の中には危険物を貯蔵し，又は取り扱う建築物その他の工作物の周囲に原則として，空地を保有しなければならないものがある。この空地の記述として，次のうち正しいものはどれか。

(1)　空地には危険物の入っていた空の容器を置くことはできるが，危険物の入っている容器を置くことはできない。

(2)　空地には原則として，いかなる物品であっても置くことはできない。

(3)　空地には不燃性の物品のみ置くことができる。

(4)　空地は製造所等で危険物の取扱いに必要な各種物品を置くためのものであるから，それ以外の物品を置くことはできない。

4. 建築物の構造・設備の基準

製造所，一般取扱所，屋内貯蔵所等の施設・建築物についての基準

① **壁，柱，床，梁などは耐火構造とし，不燃材料で造る。**

② 屋根は軽量な不燃材料でふく。

③ **窓，出入口のガラスは網入りガラス**とし，防火戸とする。

④ 床は危険物が浸透しない構造とし，適当な傾斜をつけ，**貯留設備**を設ける。

⑤ 建築物には採光，照明，**換気設備**を設ける。

⑥ 危険物の倍数が 10 以上の施設には**避雷設備**を設ける。

⑦ 危険物がもれ，あふれ，飛散しない構造とする。

⑧ **静電気**が発生する恐れのある設備には，接地等で静電気を**除去する装置**を設ける。

⑨ 製造所である旨の**標識**，防火に関して必要な事項を掲示した**掲示板**を設ける。

製造所・一般取扱所	① 階層，建築面積，床面積に制限はない。 ② 地階は設けないこと。 ③ 屋外の危険物設備の直下には，高さ 0.15〔m〕以上の囲いを設けること。 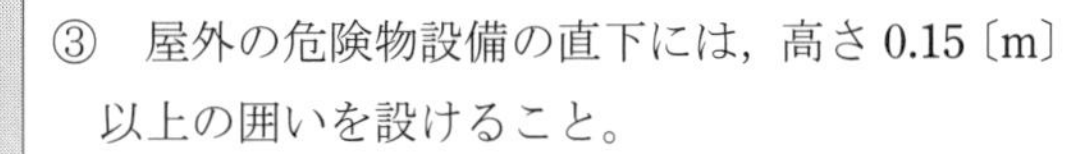   
屋内貯蔵所	① **平屋建とすること。** （特定の危険物，貯蔵量に限り，平屋建以外の倉庫，高層の倉庫も認められている。） ② 床面積は **1,000〔m^2〕以下**，軒高は6〔m〕未満。 ③ 危険物は，規則に定める容器に収納して貯蔵し，危険物の温度は **55〔℃〕**を超えないようにする。 ④ 積み重ね高さは，原則として 3〔m〕以下とする。 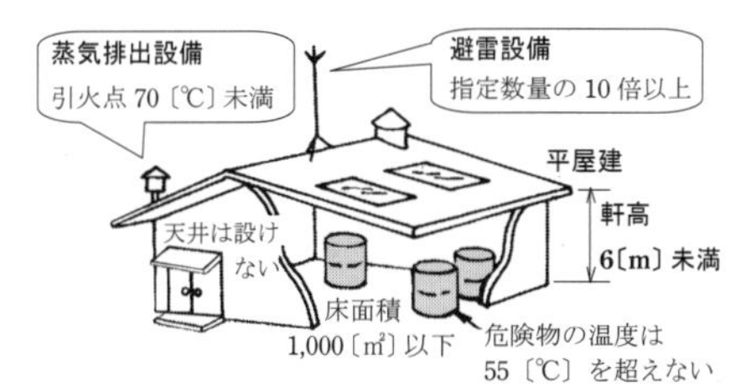 ⑤ 屋内貯蔵所では，同一品名の自然発火する恐れのある危険物又は災害が著しく増大する恐れのある危険物を多量に貯蔵するときは，10 倍以下ごとに区分し，0.3〔m〕の間隔をあけなければならないものがある。 ⑥ 屋内貯蔵所では，品名・数量等を表示した定められた容器に収納して貯蔵し，危険物以外の物品及び類を異する危険物は貯蔵しないこと。

5. 貯蔵タンクの構造・設備の基準

屋外タンク貯蔵所，屋内タンク貯蔵所，地下タンク貯蔵所，移動タンク貯蔵所等(p.74)**のタンク類の基準**

① **外面はさび止め塗装**をすること。

② 圧力タンクは**安全弁**を，圧力タンク以外のタンクには**通気管**（直径30〔mm〕以上，先端は雨水侵入防止のため下方に曲げ，細目の銅あみ等による引火防止装置を設ける）**を設けること。**

③ **液量自動表示装置**を設けること。

④ **厚さ3.2〔mm〕以上の鋼板**で気密につくること。

取扱いの基準

① 貯蔵所において，危険物以外の物品は原則として**貯蔵しない**こと。

② **タンク類の元弁，注入口の弁，又はふた**は**常時閉鎖**しておくこと。

③ **タンクの計量口は**，計量するとき以外は**閉鎖**しておくこと。

屋外タンク貯蔵所	① タンクは上部放爆構造とすること。 ② タンクの周囲には，流出防止のため**防油堤**を設けること。 ③ 防油堤は，鉄筋コンクリート又は土でつくり，高さは0.5〔m〕以上，容量はタンク容量の110〔%〕とする。 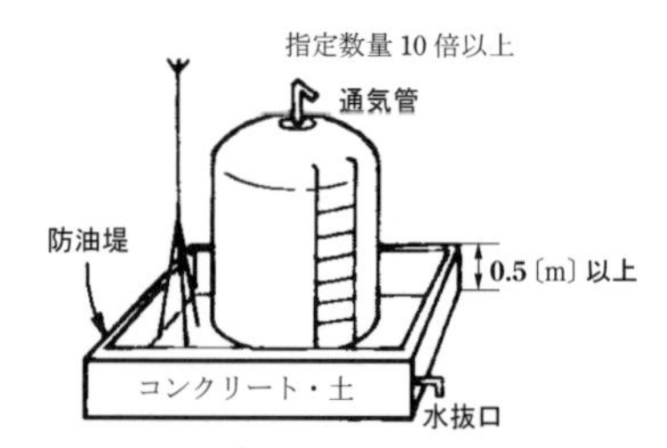 防油堤の容量　タンク容量の〔110%〕以上 防油堤の面積　80,000〔m²〕以下 ④ 防油堤の**水抜口**は，**通常は閉鎖**しておき，防油堤内部に滞油，滞水した場合はすみやかに**排出**すること。
屋内タンク貯蔵所	① 貯蔵タンクは原則として**平屋建てのタンク専用室**に設置する。 タンクと専用室の壁，タンク相互間には0.5〔m〕以上の間隔を保つこと。 ② 通気管は地盤面より4〔m〕以上の高さとし，その先端は建築物の開口部から1〔m〕以上離すこと。 ③ タンクの容量は，指定数量の**40倍以下**であること。ただし，第4石油類，動植物油類以外の第4類危険物は**20,000〔ℓ〕以下**である。

地下タンク貯蔵所	①　タンクは**地盤面下の専用室**に設置する。 ②　タンク頂部が地盤面から0.6〔m〕以上深く埋設すること。 ③　タンクの注入口は屋外の安全な場所に設けること。 ④　配管はタンクの頂部に設けること。 ⑤　タンクには通気管を設ける。 ⑥　タンクの周囲には，危険物の漏れを検査する漏えい検査管を**4箇所以上**設ける。 ⑦　消火設備は第5種消火設備を2個以上設置する。

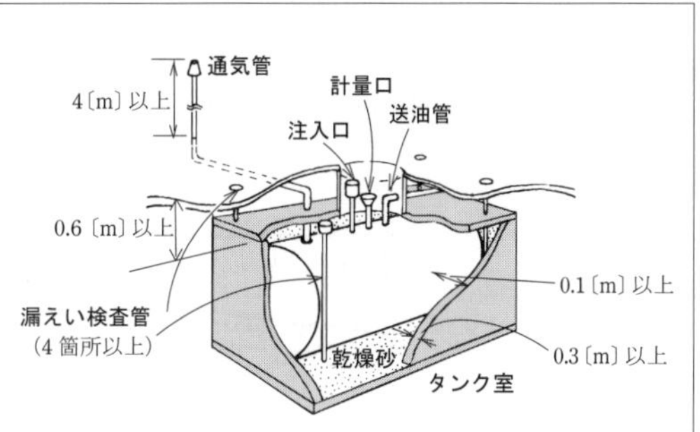

6. その他の危険物施設の構造・設備の基準

屋外貯蔵所，販売取扱所についての基準

屋外貯蔵所	①　屋外の排水のよい場所で，さく等で囲むこと。 ②　**屋外貯蔵所で貯蔵できる危険物** ・**第2類の硫黄又は引火性固体**（引火点0〔℃〕以上のもの） ・**第4類危険物** 第1石油類（引火点0〔℃〕以上のもの）アルコール類 第2石油類 第3石油類 第4石油類　　動植物油類 さく等を設ける 保有空地 *参考*　ガソリンは貯蔵できない。
販売取扱所	基準に適合した容器に収納し，容器入りのままで販売すること。 

練習問題

【1】　製造所等の位置，構造又は設備の技術上の基準で，次のうち誤っているものはどれか。

(1)　製造所等の壁，柱，床，梁などは耐火構造とし，不燃材料で造る。

(2)　液状の危険物を取扱う建築物の床は，危険物が浸透しない構造にするとともに適当な傾斜をつけ，ためますを設ける。

(3)　すべての貯蔵倉庫には，窓を設けることはできない。

(4)　製造所等である旨の標識，防火に関し，必要な事項を掲示した掲示板を設けなければならない。

7. 給油取扱所

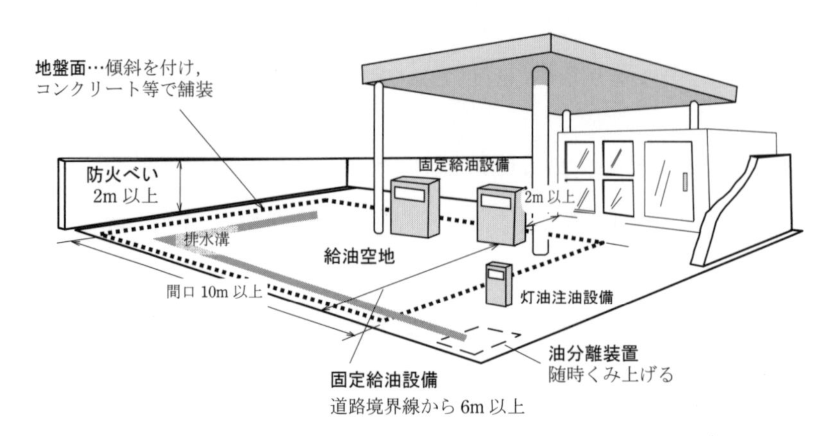

構造・設備

① 自動車等が出入りするため，**間口 10〔m〕以上**，**奥行 6〔m〕以上**の**給油空地**を設ける。

② 給油空地の地盤は周囲より高くし，表面は適当な傾斜をつけ，コンクリート等で舗装する。

③ 漏れた危険物が空地以外に流出しないように，**排水溝**及び**貯留設備**を設ける。

④ 給油設備又は注油設備（灯油，軽油のみ）に接続する地下専用タンクを設ける。

⑤ 給油取扱所の周囲には，自動車等の出入りする側を除き，**高さ 2〔m〕以上**の耐火構造または不燃材料で造った**防火塀又は壁**を設ける。

⑥ **給油設備**は，道路又は固定注油設備から……… **6〔m〕以上**離す
　敷地境界線又は建築物の壁から……… **2〔m〕以上**離す

⑦ **給油ホースの長さは 5〔m〕以下**

取扱いの基準

① **固定給油設備**を使用して直接自動車の燃料タンクに原動機を停止させて給油する。

② **給油するときは自動車の原動機を停止**し，また自動車等を給油空地から**はみ出さない**。

③ 自動車の**洗浄は，引火点を有する液体の洗剤を使用しない**。

④ 給油の業務が行われていないときは，係員以外の者を出入りさせない。

⑤ 移動タンク貯蔵所から専用タンクへ注入するときは，その専用タンクの固定給油（注油）設備は使用を中止し，自動車等を注入口付近に近づけない。

⑥ 物品の販売は建物の **1** 階で行うこと。

⑦ **掲示板は「火気厳禁」**とし，その他必要な標識を設けること。(p.83 参照)

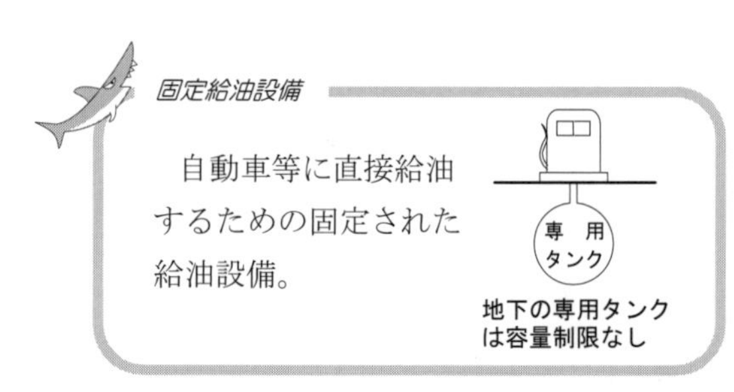

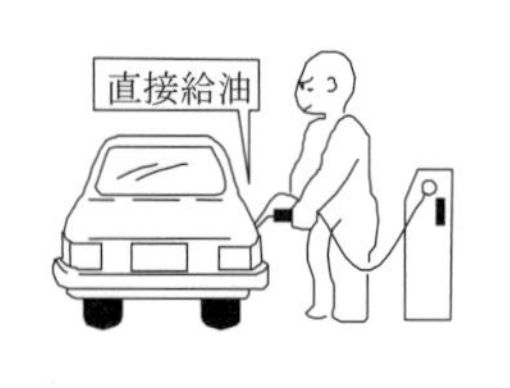

セルフ型給油取扱所

・顧客は，顧客用固定給油設備又は顧客用固定注油設備以外では，給油等を行えない。

・**甲種危険物取扱者又は，乙種 4 類危険物取扱者は，制御卓で顧客の監視，制御等を行う。**

練習問題

【1】　給油取扱所の位置，構造又は設備の技術上の基準について，次のうち誤っているものはどれか。

(1)　漏れた危険物が空地以外に流出しないように，排水溝及び貯留設備を設ける。

(2)　見やすい箇所に，給油取扱所である旨を示す標識及び「火気注意」と掲示した掲示板を設けなければならない。

(3)　固定給油設備は，道路境界線から6〔m〕以上，敷地境界線又は建築物の壁から2〔m〕以上離すこと。

(4)　給油取扱所の周囲には，自動車等の出入りする側を除き高さ2〔m〕以上の耐火構造の不燃材料で造ったへい又は壁を設けること。

【2】　給油取扱所の固定給油設備のホース機器の周囲には，給油を受ける自動車が出入りするための空地が必要であるが，この空地の間口と奥行きについて必要な長さは次のうちどれか。

	間口	奥行き
(1)	10〔m〕以上	4〔m〕以上
(2)	10〔m〕以上	6〔m〕以上
(3)	15〔m〕以上	4〔m〕以上
(4)	15〔m〕以上	6〔m〕以上

【3】　給油取扱所で，自動車等に給油するときの技術上の基準として，次のうち正しいものはどれか。

(1)　軽油を給油する場合であっても，自動車等の原動機は停止させなければならない。

(2)　固定給油設備が故障したときに限り，金属製ドラムから給油することができる。

(3)　大型トラックやバス等であっても，車体の半分以上が給油取扱所の敷地内に入っていなければ給油してはならない。

(4)　静電気を除去するために，自動車等を接地した後に給油しなければならない。

【4】　給油取扱所における危険物の取扱基準について，次のうち誤っているものはどれか。

(1)　固定給油設備を使用して直接自動車の燃料タンクに給油する。

(2)　自動車に給油するときは，固定給油設備の周囲で規則に定める部分に他の自動車が駐車することを禁ずる。

(3)　事故発生時すぐに退避できるように，自動車のエンジンをかけたまま給油する。

(4)　給油の業務が行われていないときは，係員以外の者を出入りさせないために必要な措置を講じること。

8. 移動タンク貯蔵所

構造・設備

① **車両の常置場所**　屋外・・・**防火上安全**な場所

屋内・・・**耐火構造又は不燃材料で造った建築物の1階**

② タンクの容量は**30,000〔ℓ〕以下**とし，**4,000〔ℓ〕以下**ごとに**間仕切板**を設け，間仕切りごとに，安全弁，マンホールを設けること。

また，容量が**2,000〔ℓ〕以上**のタンク室には**防波板**を設けること。

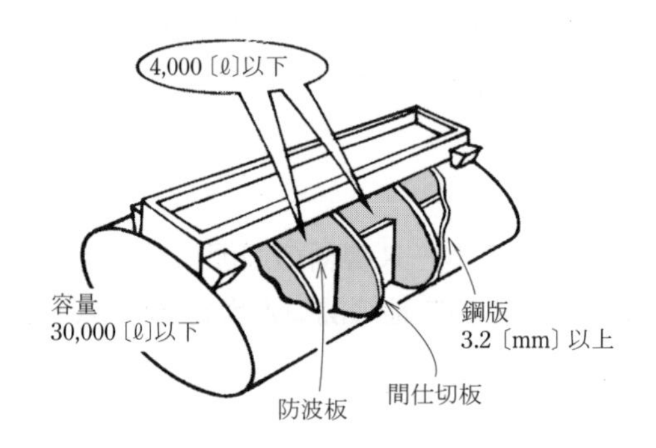

取扱いの基準

① 移動貯蔵タンクには**底弁**を設け，**使用時以外は閉鎖しておく**。また，非常時の場合に直ちに底弁を閉鎖できる**手動閉鎖装置**を設けること。

② タンクの見やすい箇所に**危険物の類**，**品名**，**最大数量**を表示すること。また，**「危」**の標識を掲げること。

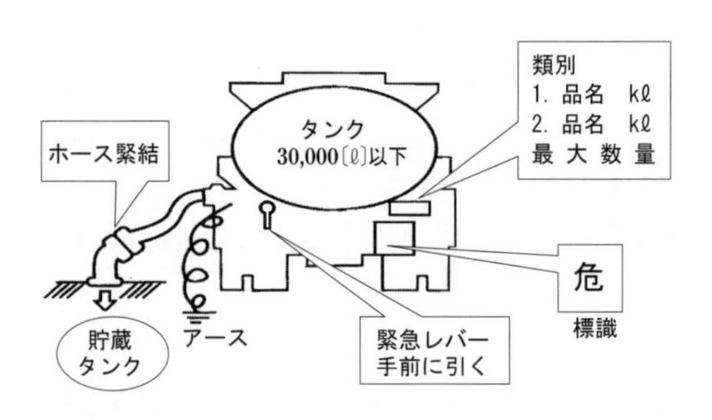

③ 直接容器への詰替えをしないこと。(引火点40〔℃〕以上の第4類危険物を詰替えるときはこの限りでない)

④ 危険物をタンクに注入する際は，注入ホースを注入口に緊結すること。

⑤ 移動タンク貯蔵所の**消火設備**は，**自動車用消火器**の中から技術上の基準に適合するもの(第5種消火設備)を**2個以上**設置すること。

移送の基準

移送とは，**移動タンク貯蔵所で危険物を運ぶ**ことをいう。

① 移送する危険物を取り扱うことができる**危険物取扱者が乗車し，危険物取扱者免状を携帯**すること。

参 考

ガソリン・灯油を移送するときは，丙種危険物取扱者，乙種４類危険物取扱者，甲種危険物取扱者のいずれかが運転手か助手として乗車すること。

② **長時間にわたる移送**の場合は，**２名以上の運転要員**を確保すること。

③ 移動タンク貯蔵所には，**完成検査済証書**，**定期点検記録書**，**譲渡又は引渡届出書**，**品名数量又は指定数量の倍数変更届出書を備え付け**ておくこと。

④ 危険物の移送を開始する前に，**タンクの底弁**，**その他の弁**，**マンホール及び注入口のふた**，**消火器**などの点検を行うこと。

⑤ **休憩等**のため移動タンク貯蔵所を一時停止させるときは，**安全な場所を選ぶこと**。

⑥ 移動タンク貯蔵所から，**漏油など災害が発生する恐れ**がある場合は応急措置を講じ，もよりの**消防機関等に通報する**こと。

⑦ **静電気による災害発生**のおそれのある液体の危険物を出し入れするときは**接地する（接地導線を設ける）**こと。

⑧ 引火点**40度未満の危険物**を注入するときは，移動タンク貯蔵所の**原動機を停止**すること。

事故発生時の応急措置

- 消防機関等への通報 ⇒ 事故発生後，直ちにその事態を通報する。
- 危険物の流出および拡散の防止 ⇒ 土砂などでせき止め，油面の広がりを防ぐ。
- 流出した危険物 ⇒ できるだけすみやかに回収する。
- その他災害の発生防止のための応急措置 ⇒ 付近の火気の使用をやめてもらう。

法令遵守義務と違反に対する措置

消防吏員または警察官は火災防止のため，特に必要があると認めるときは**走行中の移動タンク貯蔵所を停止させ，危険物取扱者免状の提示を求めることができる。**

走行中に消防吏員又は警察官に停止を命じられた場合には，それに従うこと。

練習問題

【1】 移動タンク貯蔵所の位置，構造又は設備の技術上の基準について次のうち誤っているものはどれか。

(1) 常置場所は屋外の駐車場に限られている。

(2) 移動貯蔵タンクは，30,000〔ℓ〕以下の容量とし，内部には4,000〔ℓ〕以下ごとに間仕切板を設ける。

(3) 容量が2000〔ℓ〕以上のタンク室には防波板を設ける。

(4) 移動タンク貯蔵所の常置場は屋外の防火上安全な場所，または不燃材料等で造った建築物の一階に設ける。

【2】 移動タンク貯蔵所の取扱いの基準について，誤っているものはどれか。

(1) タンクの見やすい箇所に「危」の標識を掲げること。

(2) タンクの底弁は使用時以外は完全に閉鎖しておくこと。

(3) 危険物をタンクに注入する際は，注入ホースを注入口に緊結すること。

(4) 移動タンク貯蔵所の消火設備は，自動車用消火器の中から技術上の基準に適合するもの(第5種消火設備)を1個設置すること。

【3】 移動タンク貯蔵所による危険物の移送について，次のうち誤っているものはどれか。

(1) 移送する危険物を取り扱うことができる危険物取扱者が乗車しなければならない。

(2) 走行中に消防吏員から停止を命ぜられた場合は，それに従わなければならない。

(3) 移動タンク貯蔵所には，完成検査済証及び定期点検の点検記録等を備え付けておかなければならない。

(4) 移動タンク貯蔵所を休憩等のため一時停止するときは，市町村長の承認を得なければならない。

【4】 移動タンク貯蔵所による危険物の移送ついて，次のうち誤っているものはどれか。

(1) 引火点40〔℃〕未満の危険物を注入するときは，移動タンク貯蔵所の原動機を停止しなければならない。

(2) 移送する危険物の量や種類によっては，2名以上の運転要員を確保する必要がある。

(3) 移送のために乗車する危険物取扱者は，必ず危険物取扱者免状を携帯していなければならない。

(4) 移動タンク貯蔵所には，完成検査済証を備えつけなければならない。

【5】　移動タンク貯蔵所による危険物の移送について，次のうち誤っているものはどれか。

(1)　移送開始前に，移動貯蔵タンクの底弁，マンホール，注入口のふた，消火器等の点検を十分に行わなければならない。

(2)　休憩等のため移動タンク貯蔵貯を一時停止させる時は，安全な場所を選ばなければならない。

(3)　移動貯蔵タンクから危険物が著しくもれる等，災害が発生する恐れのある場合は，応急処置を講じるとともに，もよりの消防機関等に通報しなければならない。

(4)　定期的に危険物を移送する場合は，移送経路その他必要な事項を，出発地を管轄する消防署へ届け出る。

【6】　移動タンク貯蔵所が横転して多量の油類が流出した場合の措置で，次のうち誤っているものはどれか。

(1)　土砂などでせき止め，油面の広がりを防ぐ。

(2)　直ちにその事態を消防署及び付近の住民に知らせる。

(3)　排水溝に手早く導き，路上に広がるのを防ぐ。

(4)　付近に火気の使用をやめてもらう。

9. 運　搬

運搬とは，**車両等**（タンクローリーは除く）**によって危険物を運ぶこと**をいい，指定数量未満の危険物についても，**消防法**（運搬に関する規定）が適用される。

また，**危険物取扱者は乗車しなくてもよい。**

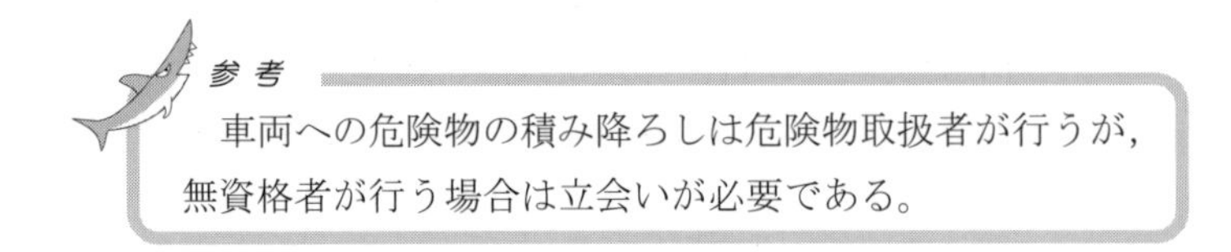

① 危険物は法に定められた**運搬容器により，車両等に積載して運搬**する。

② 運搬容器の外部には，危険物の**品名**，**危険等級**，**化学名**，**数量**，**注意事項**を表示する。

運搬容器の表示例

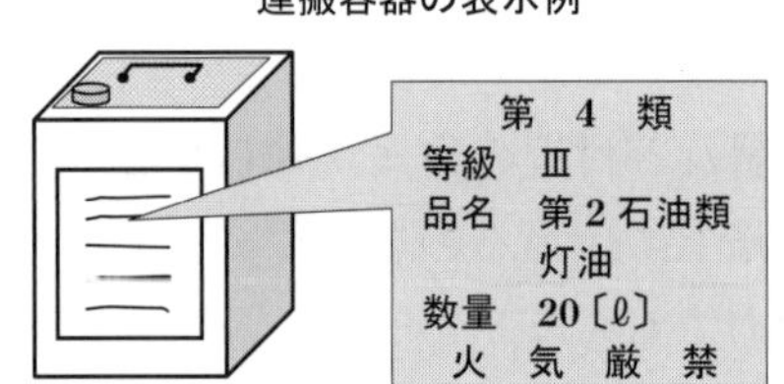

③ 容器には十分な**空間容積をとり**収納し，**密封して運搬**すること。

④ 運搬容器は**収納口を上方に向けて転落，落下，転倒，破損しないように積載すること。**

⑤ 運搬容器が著しく**摩擦又は動揺を起こさない**ように運搬する。

⑥ **指定数量以上の危険物を車両で運搬するとき。**

- 車両の前後の見やすい箇所に**「危」の標識**を掲げること。
- 運搬する危険物を適応した**消火設備を備える**こと。

⑦ **積み替え，休憩，故障等**のため車両を一時停止させるときは，**安全な場所を選び**，かつ，運搬する危険物の**保安に注意する。**

⑧ **運搬中**，危険物が著しく漏れるなど**災害が発生する恐れがある場合は**，災害防止のため応急措置を講じ，**もよりの消防機関等に通報する。**

⑨ 同一車両で異なった類の危険物の運搬をする場合は，**混載禁止のものがある。**（右表参照）

混載できる組合せ

- 1 類 ─ 6 類
- 2 類 ─ 4 類
- 2 類 ─ 5 類
- 3 類 ─ 4 類
- 4 類 ─ 5 類

練習問題

【1】　灯油 20〔ℓ〕を収納する運搬容器の外部に行う表示として，次のうち誤っているものはどれか。

(1)　灯油
(2)　水溶性
(3)　20〔ℓ〕
(4)　第２石油類

【2】　危険物の運搬について，次のうち正しいものはどれか。

(1)　運搬する量が指定数量未満の場合は，運搬容器の外部に品名，数量等を表示しない。
(2)　指定数量未満の危険物を収納した運搬容器は，収納口を横に向けて積載してもよい。
(3)　類が異なる危険物は，絶対に混載してはならない。
(4)　指定数量以上の危険物を車両で運搬する場合において，積替え，休憩，故障等のため車両を一時停止させるときは安全な場所を選び，かつ運搬する危険物の保安に注意すること。

【3】　危険物の運搬について，次のうち正しいものはどれか。

(1)　指定数量以上の危険物を車両で運搬する場合には，法令に定められた消火設備を備える。
(2)　夏期に危険物をドラム缶で運搬する場合は，外気温の上昇によって缶内部の圧力が高まり，缶が損傷することがあるので栓をゆるくしておくこと。
(3)　危険物の運搬は法令に定められた容器によって行わなければならないが，危険物の品名及び数量を容器に表示する場合には法令に定められた容器以外の容器で運搬できる。
(4)　危険物の運搬に関する規制は，指定数量以上の危険物を運搬する場合のみ適用される。

【4】　危険物の運搬に関する技術上の基準として，次のうち誤っているものはどれか。

(1)　指定数量以上の危険物を車両で運搬する場合には，最寄りの消防機関に通報する。
(2)　危険物を収納した運搬容器が，著しく摩擦又は動揺を起こさないように運搬する。
(3)　運搬中，危険物が著しく漏れるなど災害が発生する恐れがある場合は，災害防止のため応急措置を講じ，もよりの消防機関等に通報する。
(4)　指定数量未満の場合でも消防法令が適用される。

【5】　危険物を車両で運搬する場合の基準として，次のうち誤っているものはどれか。

(1)　指定数量以上の危険物を運搬するときは，当該車両に「危」の標識を掲げること。
(2)　危険物取扱者が同乗すること。
(3)　指定数量以上の危険物を運搬するときは，それに適応する消火設備を備えること。
(4)　運搬容器は著しく摩擦又は動揺を起こさないように運搬すること。

10. 貯蔵・取扱いの共通する基準・廃棄の基準

1. 共通の基準

① **許可，届出をした品名や数量以外**の危険物を貯蔵し，取り扱わない。又，**指定数量の倍数を超える危険物**を貯蔵し，取り扱わないこと。

② **類を異にする危険物**は同一の貯蔵所において貯蔵しないこと。

③ みだりに**火気**を使用しないこと。

④ **係員以外の者を**みだりに出入りさせないこと。

⑤ **常に整理，清掃を行い**，みだりに空箱等その他不必要な物を置かないこと。

⑥ ためます，又は油分離装置に**たまった危険物**は，あふれないように**随時くみ上げる**こと。

⑦ 危険物を貯蔵，取り扱う施設では危険物の性質に応じて**遮光，換気を行うこと。**

⑧ 危険物が**漏れ，あふれ，又は飛散しない**ように必要な措置をすること。

⑨ **危険物の残存している設備，機械器具等を修理する場合は**，安全な場所で危険物を**完全に除去した後に行うこと。**

⑩ 危険物を収納する**容器は**，危険物の性質に適応し，かつ**腐食，破損，さけ目等がない**こと。

⑪ 危険物を収納した容器をみだりに**転倒させ，落下させ，衝撃を加え，又は引きずる**等の粗暴な行為をしないこと。

⑫ 危険物の**くず，かす等は1日1回以上**その性質に応じて**安全な場所で廃棄**その他適切な処置をすること。

2. 廃棄の基準

① 危険物は**下水や海，河川**などに流したり，廃棄しないこと。

② **空地**にまいて自然蒸発させるなどの方法で処理しないこと。

③ 土中に埋没する場合は，危険物の性質に応じて**安全な場所**で行なうこと。

④ **焼却**する場合は，安全な場所で見張人をつけるとともに安全に注意しながら少量ずつ安全な方法で焼却すること。

練習問題

【1】　製造所等における危険物の貯蔵及び取扱いの技術上の基準について，次のうち誤っているものはどれか。

(1)　みだりに火気を使用しないこと。

(2)　係員以外の者をみだりに出入りさせないこと。

(3)　常に整理及び清掃を行うこと。

(4)　危険物のくず，かす等は1週間に1回以上，焼却以外の方法で廃棄すること。

【2】　製造所等における危険物の貯蔵及び取扱いについて，次のうち誤っているものはどれか。

(1)　危険物を収納した容器を取扱う場合は，みだりに転倒，落下させる等の行為をしないこと。

(2)　危険物のくず，かす等は，当該危険物の性質に応じて安全な場所で廃棄，その他適切な処置をしなければならない。

(3)　指定数量の倍数を超える危険物を貯蔵し，取り扱わないこと。

(4)　製造所においては一切の火気を使用しないこと。

【3】　製造所等における危険物の貯蔵及び取扱いの基準として，次のうち誤っているものはどれか。

(1)　製造所等は常に整理及び清掃に努めるとともに，みだりに空箱その他の不必要な物を置かないこと。

(2)　ためます，油分離装置にたまった危険物は，随時くみ上げること。

(3)　危険物が漏れ，あふれ又は飛散しないように注意すること。

(4)　危険物が残存している容器を修理する場合は，危険物取扱者が立ち会った上で溶接などの修理を行うこと。

【4】　ガソリン等を含んだ廃油の廃棄方法として，次のうち正しいものはどれか。

(1)　少量の場合は安全な場所において見張人を置いて安全な方法で焼却する。

(2)　少量の場合は多量の水を混ぜて下水に流す。

(3)　大量の場合は空地にまいて蒸発させる。

(4)　大量の場合は金属製ドラムに詰めて土中に埋没させる。

【5】　廃油などを廃棄する場合について，次のうち誤っているものはどれか。

(1)　埋没すると地下水に混入する恐れがあるので埋没廃棄は適当でない。

(2)　油類の浸み込んだボロ布などは，蓋付きの金属容器に入れて保管する。

(3)　ガソリンは引火爆発の危険があるのでできないが，灯油や軽油は水に溶けやすいので下水溝に洗い流すとよい。

(4)　安全な場所を選び，安全な方法で，見張人をつけて焼却する。

11. 標識・掲示板

1. 標　識

製造所等の標識

製造所等（移動タンク貯蔵所を除く）には，見えやすい箇所に**製造所等であることを表示した標識**を設けなければならない。

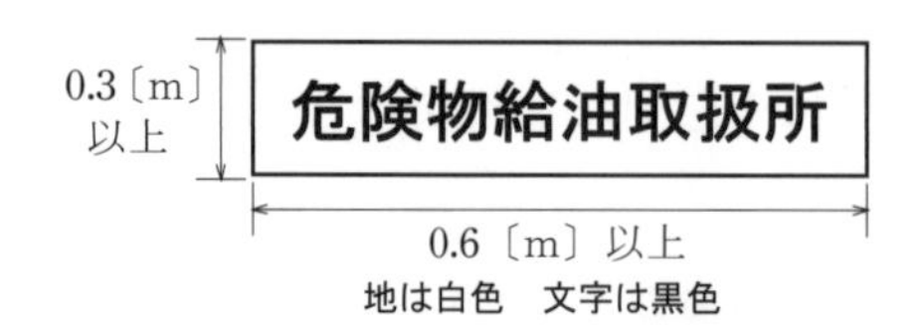

移動タンク貯蔵所・危険物運搬車両の標識

車両の前後の見えやすい箇所に掲げる。

地は黒色，文字は黄色の反射塗料を使用する。

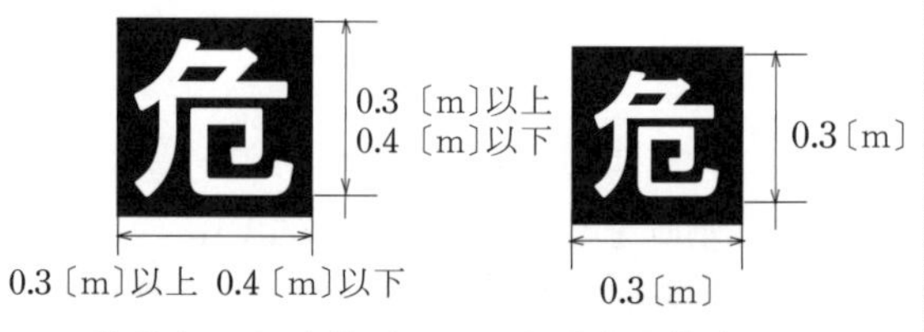

2. 掲示板

危険物施設の掲示板

掲示板には危険物の類，品名，貯蔵又は取扱最大数量，指定数量の倍数，危険物保安監督者の氏名又は職名を記載しなければならない。

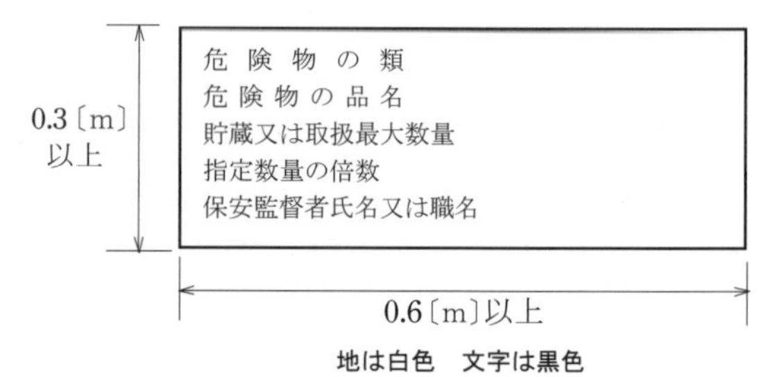

注意事項の掲示板

第4類の危険物を貯蔵し，取り扱う製造所等に適用される。

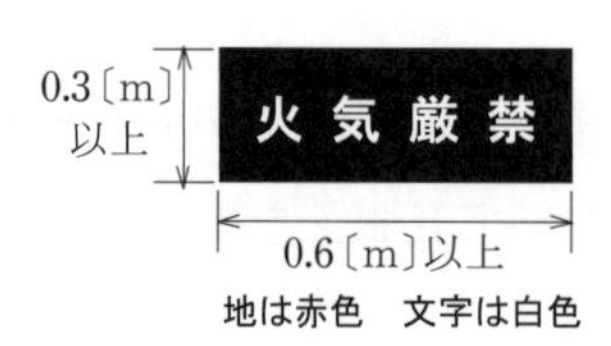

給油取扱所の掲示板

給油取扱所のみ**「給油中エンジン停止」**の掲示板を設けること。

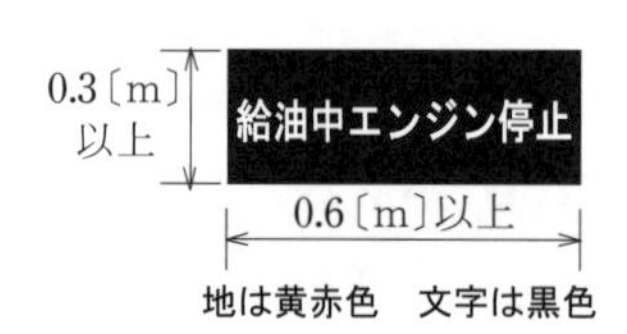

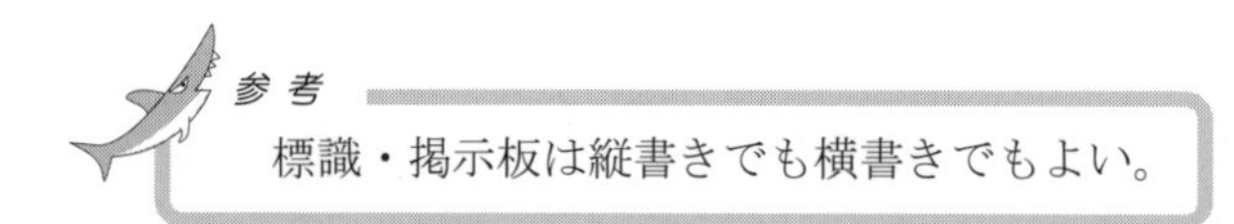

練習問題

【1】 製造所等には貯蔵し，又は取り扱う危険物に応じ注意事項を表示した掲示板を設けなければならないが，第4類の危険物を取り扱う場合の注意事項の表示として，次のうち正しいものはどれか。

(1)　取扱注意
(2)　火気厳禁
(3)　火気注意
(4)　注水注意

【2】 給油取扱所に設けなければならない標識，掲示板として，次のうち誤っているものはどれか。

(1)　給油取扱所である旨の標識
(2)　危険物の類別，品名，取扱最大数量及び管理者の氏名を表示した掲示板
(3)　「火気厳禁」と表示した掲示板
(4)　「給油中エンジン停止」と表示した掲示板

12. 消火設備

① 消火設備は，製造所等の区分，規模，品名，数量などに応じて適応する消火設備の設置が義務づけられている。

② 消火設備は**第 1 種から第 5 種**までに区分されている。

区分	消火設備			図
第 1 種	屋外消火栓設備 屋内消火栓設備			消火栓設備
第 2 種	スプリンクラー設備			
第 3 種	水蒸気・水噴霧消火設備 泡消火設備 二酸化炭素消火設備 ハロゲン化物消火設備 粉末消火設備			固定消火設備
第 4 種又は第 5 種	棒状・霧状の水を放射する消火器	(第 4 種：大型	第 5 種：小型)	大型消火器
	棒状・霧状の強化液を放射する消火器	(第 4 種：大型	第 5 種：小型)	
	泡を放射する消火器	(第 4 種：大型	第 5 種：小型)	
	二酸化炭素を放射する消火器	(第 4 種：大型	第 5 種：小型)	小型消火器
	ハロゲン化物を放射する消火器	(第 4 種：大型	第 5 種：小型)	
	消火粉末を放射する消火器	(第 4 種：大型	第 5 種：小型)	
第 5 種	水バケツ又は水槽 乾燥砂 膨張ひる石又は膨張真珠岩			

第 4 類危険物に適応しない消火設備

- 第 1 種　屋内消火栓　屋外消火栓
- 第 2 種　スプリンクラー
- 第 4 種・第 5 種　棒状の水　霧状の水　棒状の強化液
- 第 5 種　水バケツ又は水槽

危険物施設と適応する消火設備

大規模の施設（著しく消火困難） → 固定式の消火設備と消火器

中規模の施設（消火困難な施設） → 大型消火器と小型消火器

その他の施設 → 小型消火器

第5種消火設備（小型消火器）と設置位置

第5種消火設備のみを設置する施設

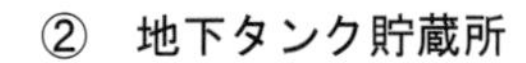

①　移動タンク貯蔵所

（自動車用のものを2本以上）

②　地下タンク貯蔵所

（2本以上）

③　給油取扱所（屋外）

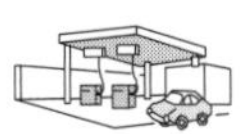

④　第一種販売取扱所

⑤　簡易タンク貯蔵所

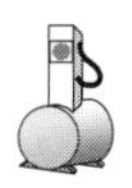

→ 有効に消火できる位置に設置する。

その他の施設

①　屋外貯蔵所

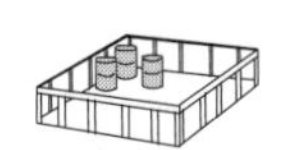

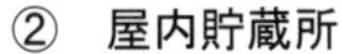

②　屋内貯蔵所

③　一般取扱所

④　製　造　所

⑤　その他の貯蔵所

→ 第5種消火設備を設置する場合
　防護対象物までの歩行距離が20〔m〕以下の位置に設置する。
　ただし，第1種から第4種までの消火設備と併置する場合はこの限りではない。

練習問題

【1】　製造所等に設置する消火設備の区分について，ガソリン，軽油などの火災に適応する第4種の消火設備は，次のうちどれか。

(1)　水バケツ
(2)　泡を放射する大型消火器
(3)　屋内消火栓設備
(4)　乾燥砂

【2】　製造所等に設置する消火設備の区分について，次のうち第5種の消火設備はどれか。

(1)　スプリンクラー設備
(2)　消火粉末を放射する小型消火器
(3)　ハロゲン化物消火設備
(4)　泡を放射する大型消火器

【3】　油類の火災に適応しない消火設備は，次のうちどれか。

(1)　スプリンクラー設備

(2)　霧状の強化液を放射する小型消火器

(3)　泡消火設備

(4)　消火粉末（リン酸塩類）を放射する大型消火器

【4】　政令別表第5において，第4類の危険物の火災に適応しないものは，次のうちどれか。

(1)　棒状の強化液を放射する消火器

(2)　泡を放射する消火器

(3)　二酸化炭素を放射する消火器

(4)　リン酸塩類等の消火粉末を放射する消火器

【5】　製造所等に設置する消火設備について，次のうち誤っているものはどれか。

(1)　消火設備は第1種から第5種までに区分されている。

(2)　規模，危険物の品名及び最大数量等により，それぞれ適応する消火設備を設置しなければならない。

(3)　消火粉末を放射する消火器は，第4種又は第5種の消火設備である。

(4)　乾燥砂は第1種の消火設備である。

【6】　第5種の消火設備の基準について，次の文章の（　　）に当てはまる数値はどれか。

「第5種の消火設備は，製造所にあっては防護対象物の各部分から一の消火設備に至る歩行距離が（　　）〔m〕以下となるように設けなければならない。」

(1)　5

(2)　10

(3)　15

(4)　20

13. 警報設備

火災等が発生したときに危険を早期に知らせる設備をいう。

指定数量の10倍以上の製造所等（移動タンク貯蔵所を除く）には規模に応じて下図の警報設備の中から選んで設置しなければならない。

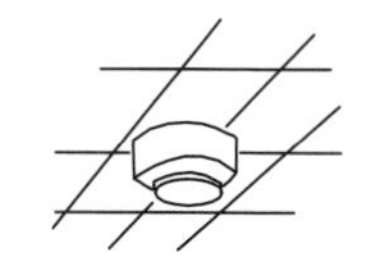

① 自動火災報知機

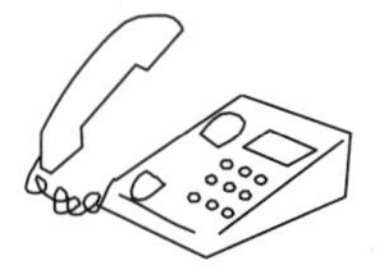

② 電　話

③ 非常ベル

④ 拡声装置

⑤ 警　鐘

【1】 指定数量の倍数が10以上の製造所等には，警報設備を設置しなければならないものがある。次のうちこれに該当しないものはどれか。

(1)　一般取扱所

(2)　屋内貯蔵所

(3)　簡易タンク貯蔵所

(4)　移動タンク貯蔵所

【2】 警報設備の種類として，次のうち誤っているものはどれか。

(1)　非常ベル装置

(2)　拡声装置

(3)　サイレン

(4)　自動火災報知設備

模擬試験

模擬試験　1

1.　危険物に関する法令

(注) 問題中に使用した略語は，次のとおりです。

法　…………… 消防法
政　令 …………… 危険物の規制に関する政令
規　則 …………… 危険物の規制に関する規則
製造所等 ………… 製造所，貯蔵所又は取扱所
市町村長等 …………… 市町村長，都道府県知事又は総務大臣
免　状 …………… 危険物取扱者免状

[問 1]　指定数量未満の危険物を取り扱う場合について，次のうち正しいものはどれか。

(1)　指定可燃物として規制される。
(2)　市町村条例で規制される。
(3)　特に規制はない。
(4)　都道府県条例で規制される。

[問 2]　貯蔵所に次の危険物を貯蔵しているとき，指定数量の何倍になるか。

ガソリン　300〔ℓ〕　灯油　2,500〔ℓ〕　重油　2,000〔ℓ〕

(1)　3 倍　(2)　4 倍　(3)　5 倍　(4)　6 倍

[問 3]　市町村長等の許可を受けなければならないものは，次のうちどれか。

(1)　製造所等の位置，構造又は設備を変更するとき。
(2)　製造所等を譲り受けるとき。
(3)　製造所等の用途を廃止するとき。
(4)　予防規程を変更するとき。

[問 4]　丙種危険物取扱者について，次のうち正しいものはどれか。

(1)　丙種危険物取扱者は，取扱いが認められている危険物の製造所等に限り，その危険物保安監督者になることができる。
(2)　丙種危険物取扱者は，ガソリンを移送する移動タンク貯蔵所に資格者として乗車することができる。
(3)　丙種危険物取扱者は，免状を取得していない者がガソリン及び軽油を取り扱う場合，資格者として立ち会うことができる。
(4)　丙種危険物取扱者は，取扱いが認められている危険物の製造所等であっても，自ら定期点検を行うことができない。

［問 5］　製造所の位置，構造及び設備に関する技術上の基準について，誤っているものはどれか。

(1)　製造所の窓にガラスを使用する場合には，網入りガラスにしなければならない。

(2)　屋内で危険物を取り扱う場合には，可燃性蒸気を屋外の低所に排出する設備を設けなければならない。

(3)　静電気が発生するおそれがある場合は，静電気を有効に除去する装置を設けなければならない。

(4)　屋根は不燃材料で作り，軽量な材料でふく。

［問 6］　移動タンク貯蔵所による危険物の移送について，正しいものはどれか。

(1)　消防吏員から停止を命じられてもとくに停車する必要はない。

(2)　移送する危険物を取り扱うことができる危険物取扱者を乗車させなければならない。

(3)　移送中に免状を紛失しないように事務所で保管しなければならない。

(4)　移動貯蔵タンクから危険物が著しく漏れるなどの災害が発生した場合は，応急措置を講じたのちに目的地へ急行すればよい。

［問 7］　危険物を運搬する場合の説明として，正しいものはどれか。

(1)　安全な状態で運搬すれば，特に規制はない。

(2)　危険物取扱者が立会えば，特に規制はない。

(3)　運搬する量の多少にかかわらず規制を受ける。

(4)　指定数量の 10 倍以上を運搬する場合に限り規制を受ける。

［問 8］　第 3 種の消火設備は，次のうちどれか。

(1)　乾燥砂　　(2)　スプリンクラー設備

(3)　泡を放射する大型消火器　　(4)　泡消火設備

［問 9］　製造所等における危険物の貯蔵又は取扱いの技術上の基準について，誤っているものはどれか。

(1)　危険物が残存し又は残存しているおそれがある設備，機械器具，容器等を修理する場合は，残存する危険物に注意して溶接等の作業を行うこと。

(2)　危険物を貯蔵し又は取り扱う場合は，当該危険物が漏れ，あふれ又は飛散しないように努めること。

(3)　常に整理及び清掃に努めるとともに，みだりに空箱その他の不必要な物件を置かないこと。

(4)　みだりに火気を使用しないこと。

［問 10］　製造所等の所有者，管理者又は占有者が遵守しなければならない事項として，誤っているものはどれか。

(1)　製造所等を設置する場合は，工事が完了するまでに，市町村長等の設置許可を受けること。

(2)　製造所等の位置，構造又は設備を変更しようとするときは，市町村長等の変更許可を受けること。

(3)　製造所等の譲渡又は引渡しを受けたときは，遅滞なくその旨を市町村長等に届け出ること。

(4)　製造所等の設置又は変更の工事が完成したときは，市町村長等が行う完成検査を受けること。

2. 燃焼及び消火に関する基礎知識

［問 11］　可燃性液体の燃焼方法として，次のうち正しいものはどれか。

(1)　液面から発生する蒸気と空気の混合気体が燃焼する。
(2)　加熱されると分解し，その際発生する可燃性ガスが拡散燃焼する。
(3)　液体内に溶け込んでいる酸素により内部（自己）燃焼する。
(4)　分解も蒸発もしないで，液面で酸素と反応して燃焼する。

［問 12］　次の文の（　　）内の A～C に当てはまる語句の組合せはどれか。

「燃焼とは，（A）と（B）を伴う（C）反応である。」

	A	B	C
(1)	吸熱	蛍光	酸化
(2)	発熱	発光	酸化
(3)	発熱	発光	分解
(4)	発熱	蛍光	分解

［問 13］　「ある液体の引火点は 40〔℃〕である。」の意味を正しく表しているものは，次のうちどれか。

(1)　燃焼範囲の上限界の濃度の蒸気を発生する液温が，40〔℃〕である。
(2)　液体が蒸発を始める液温が，40〔℃〕である。
(3)　液面上の蒸気が引火するのに十分な濃度になる最低の液温が，40〔℃〕である。
(4)　火源がなくても燃え始める液温が，40〔℃〕である。

［問 14］　可燃性蒸気の燃焼範囲の説明として，次のうち正しいものはどれか。

(1)　燃焼によって被害を受ける範囲のことである。
(2)　燃焼するのに必要な熱源の温度範囲のことである。
(3)　燃焼するのに必要な，空気中の酸素の濃度範囲のことである。
(4)　空気中において，燃焼可能な可燃性蒸気の濃度範囲のことである。

［問 15］　消火方法と主な消火効果の組合せとして，次のうち正しいものはどれか。

(1)　アルコールランプにふたをして火を消す……………………除去効果
(2)　木材の火災に棒状注水して消火する…………………………窒息効果
(3)　ガスコンロの栓を締めて火を消す……………………………冷却効果
(4)　ろうそくの炎に息を吹きかけて消す…………………………除去効果

3. 危険物の性質並びにその火災予防及び消火の方法

[問 16]　丙種危険物取扱者が取り扱える危険物の性状として，次のうち誤っているものはどれか。

(1)　自然発火する性質のものが多い。
(2)　引火性の液体である。
(3)　水より軽く水に溶けないものが多い。
(4)　電気の不良導体である。

[問 17]　ガソリン火災で注水消火が危険とされる理由として，次のうち正しいものはどれか。

(1)　水蒸気が多量に発生し危険である。
(2)　酸素が発生し爆発的に燃焼する。
(3)　水が高熱で分解され，水素を発生して激しく燃える。
(4)　ガソリンは水より軽く，水の表面に浮かぶため，火災の面積が拡大する。

[問 18]　油類の容器は空になっても危険な場合があるが，その理由として次のうち最も適当なものはどれか。

(1)　気温の上昇により内部の圧力が上昇するから。
(2)　燃焼範囲内の濃度の可燃性蒸気が残っていることがあるから。
(3)　静電気が発生しているから。
(4)　残っている水分が化学反応を起こし，燃えやすい物質が生成されるから。

[問 19]　ガソリンを取り扱う場合に静電気による事故を防止するための措置として，次のうち誤っているものはどれか。

(1)　タンクローリーに積み込むときは接地（アース）を完全にする。
(2)　タンクに注入するときは，できるだけ注入速度を早くする。
(3)　屋内で容器に詰め替えるときは，室内の湿度を高くする。
(4)　衣服は合成繊維のものをさけ，木綿のものを着用する。

[問 20]　ガソリンについて，次のうち誤っているものはどれか。

(1)　蒸気は空気より重い。
(2)　揮発性の強い液体で，特有の臭気を有する。
(3)　燃焼範囲は，おおむね 65～87〔%〕(容量) である。
(4)　引火点は一般に－40〔℃〕以下である。

［問 21］　灯油について，次のうち正しいものはどれか。

(1)　電気の良電体であるので静電気は帯電しない。

(2)　一般に淡青色に着色されている。

(3)　引火点は常温（20〔℃〕）より高い。

(4)　蒸気は空気より軽い。

［問 22］　軽油について，次のうち誤っているものはどれか。

(1)　発火点は常温（20〔℃〕）より高い。

(2)　液比重は 1 より小さい。

(3)　ディーゼル油とも呼ばれている。

(4)　引火点はガソリンより高いが常温（20〔℃〕）よりも低い。

［問 23］　重油の性状として，次のうち誤っているものはどれか。

(1)　油温が高くなると，引火の危険性が大きくなる。

(2)　一般に褐色又は暗褐色の液体である。

(3)　引火点はガソリンよりも高い。

(4)　液比重は 1 より大きく水に溶ける。

［問 24］　第 4 石油類の性状として，次のうち正しいものはどれか。

(1)　燃えているときは液温が非常に高くなっているので，消火が困難な場合がある。

(2)　引火点以上になっても可燃性蒸気は発生しない。

(3)　布などにしみ込んだものは自然発火する。

(4)　引火点がきわめて高いので液温が高くなっても引火の危険性はない。

［問 25］　危険物の流出その他事故が発生した場合，その事態を発見したものは消防署等に通報しなければならないが，これについて次のうち正しいものはどれか。

(1)　大事故に発展する恐れがある場合は直ちに通報し，その恐れが少ないと思われる場合は後日連絡する。

(2)　事故発生原因を調べた後に通報する。

(3)　大事故に発展する恐れがある場合は直ちに通報し，その他の場合はその日のうちに連絡する。

(4)　直ちにその事態を通報する。

模擬試験　2

1.　危険物に関する法令

（注）問題中に使用した略語は，次のとおりです。

法　……………消防法
政　令……………危険物の規制に関する政令
規　則……………危険物の規制に関する規則
製造所等…………製造所，貯蔵所又は取扱所
市町村長等……………市町村長，都道府県知事又は総務大臣
免　状……………危険物取扱者免状

［問 1］　貯蔵所の区分の説明として，次のうち誤っているものはどれか。

(1)　地下タンク貯蔵所…………………………地盤面下に埋没されているタンクにおいて危険物を貯蔵し，又は取り扱う貯蔵所
(2)　屋内貯蔵所……………………………………屋内の場所において危険物を貯蔵し，又は取り扱う貯蔵所
(3)　屋内タンク貯蔵所…………………………屋内にあるタンクにおいて危険物を貯蔵し又は取り扱う貯蔵所
(4)　屋外貯蔵所……………………………………屋外の場所において，第 4 類の危険物のうち特殊引火物を除く危険物を貯蔵し，又は取り扱う貯蔵所

［問 2］　丙種危険物取扱者が取り扱える危険物は，次のうちいくつあるか。

エタノール　　ガソリン　　硫黄　　重油　　硝酸　　灯油　　潤滑油
軽油　　ジエチルエーテル

(1)　5 つ
(2)　6 つ
(3)　7 つ
(4)　8 つ

［問 3］　指定数量について，次のうち正しいものはどれか。

(1)　ガソリンの指定数量は，200〔ℓ〕入り鋼板製ドラム 2 本分である。
(2)　灯油の指定数量は，200〔ℓ〕入り鋼板製ドラム 5 本分である。
(3)　重油の指定数量は，200〔ℓ〕入り鋼板製ドラム 15 本分である。
(4)　ナタネ油の指定数量は，200〔ℓ〕入り鋼板製ドラム 30 本分である。

[問 4]　丙種危険物取扱者について，次のうち正しいものはどれか。

(1)　丙種危険物取扱者は，取扱いが認められている危険物の製造所等に限り，その危険物保安監督者になることができる。

(2)　丙種危険物取扱者は，ガソリンを移送することができる。

(3)　丙種危険物取扱者は，免状を取得していない者がガソリンを取り扱う場合，資格者として立ち会うことができる。

(4)　丙種危険物取扱者は，取扱いが認められている危険物の製造所等であっても，自ら定期点検を行うことができない。

[問 5]　給油取扱所における危険物の取扱いの基準について，次のうち誤っているものはどれか。

(1)　自動車等に給油するときは，他の自動車がみだりに給油取扱所内に駐車することは禁じなければならない。

(2)　自動車等に給油するときは，自動車等が給油取扱所の空地から 3 分の 1 以下ならはみだしたままでもよい。

(3)　油分離装置に溜まった油は随時くみ上げなければならない。

(4)　自動車等に給油するときは，固定給油設備を使用して直接給油しなければならない。

[問 6]　製造所等の定期点検について，次のうち誤っているものはどれか。

(1)　定期点検は製造所等の位置，構造及び設備が技術上の基準に適合しているかどうかについて行う。

(2)　定期点検は危険物保安総括管理者だけが行うことができる。

(3)　定期点検の記録は一定期間保存しなければならない。

(4)　定期点検は原則として 1 年に 1 回以上行わなければならない。

[問 7]　危険物の規制について，次のうち誤っているものはどれか。

(1)　製造所を設置するときは許可を受けなければならないが，位置及び構造又は設備を変更する場合は自由に変更することができる。

(2)　原則として指定数量以上の危険物は製造所，貯蔵所及び取扱所を設置し，それ以外の場所でこれを取扱ってはならない。

(3)　指定数量未満の危険物の貯蔵及び取扱いの技術上の基準は市町村条例によって定められている。

(4)　移動タンク貯蔵所によって危険物を移送する場合は，移送する危険物を取扱うことのできる危険物取扱者が乗車していなければならない。

[問 8]　免状の再交付申請として，次のうち正しいものはどれか。

(1)　本籍地を管轄する都道府県知事。

(2)　当該免状の交付又は書換えをした都道府県知事。

(3)　身分を証明するものがあれば，どこの市町村長又は都道府県知事でもよい。

(4)　居住地を管轄する市町村長。

［問 9］　学校，病院など多数の人を収容する施設から原則として 30〔m〕以上の保安距離を必要とする製造所等は，次のうちどれか。

(1)　給油取扱所　　(2)　第 1 種販売取扱所
(3)　屋外貯蔵所　　(4)　移動タンク貯蔵所

［問 10］　製造所等に設ける消火設備について，次のうち誤っているものはどれか。

(1)　移動タンク貯蔵所の消火設備は，自動車用消火器の中から適合するものを設けなければならない。
(2)　地下タンク貯蔵所についてタンクが地盤面下に埋没されており，危険性が小さいので消火設備は設置しなくてもよい。
(3)　消火設備は第 1 種から第 5 種までに区分されている。
(4)　消火粉末を放射する小型消火器は第 5 種の消火設備である。

2.　燃焼及び消火に関する基礎知識

［問 11］　発火点について，次のうち正しいものはどれか。

(1)　可燃性物質を空気中で加熱した場合，炎や火花等を近づけなくても自ら燃えだすときの最低温度をいう。
(2)　可燃性物質を加熱した場合，空気がなくても自ら燃えだすときの最低温度をいう。
(3)　可燃性物質を燃焼させるのに必要な点火源の最低温度をいう。
(4)　可燃性物質が燃焼範囲の上限の濃度の蒸気を発生するときの温度をいう。

［問 12］　次の組合せのうち，燃焼の 3 要素を満たしていないものはどれか。

(1)　空気　　軽油　　赤熱した鉄板
(2)　酸素　　ガソリン　　静電気火花
(3)　酸素　　電気火花　　空気
(4)　灯油　　空気　　マッチの炎

［問 13］　静電気について，次のうち誤っているものはどれか。

(1)　静電気の蓄積防止策の一つに，物体を電気的に絶縁する方法がある。
(2)　静電気は人体にも帯電する。
(3)　静電気による火災は燃焼物に適応した消火方法をとる。
(4)　静電気は一般に電気の不導体の摩擦等により発生する。

［問 14］　可燃物の燃焼の難易についての説明として，次のうち誤っているものはどれか。

(1)　空気との接触面積が広いほど燃えやすい。
(2)　加熱されて可燃性ガスを多く発生する物質ほど燃えやすい。
(3)　蒸発しやすいものほど燃えやすい。
(4)　熱伝導率の大きい物質ほど燃えやすい。

［問 15］　次の文の（　　）内に当てはまる語句はどれか。

「燃焼の 3 要素」の 1 つである酸素の供給を断つことが，（　　）による消火の方法である。

(1)　窒息効果

(2)　除去効果

(3)　冷却効果

(4)　負触媒（抑制）効果

3. 危険物の性質並びにその火災予防及び消火の方法

［問 16］　丙種危険物取扱者が取り扱える危険物の性状として，次のうち誤っているものはどれか。

(1)　常温（20〔℃〕）でも点火源により引火するものもある。

(2)　液体から発生する蒸気は目に見えない。

(3)　常温（20〔℃〕）では液体である。

(4)　液体から発生する蒸気は空気より軽い。

［問 17］　給油取扱所で，自動車にガソリンを給油する際の保安対策として，次のうち誤っているものはどれか。

(1)　自動車の一部が給油空地からはみ出たままで給油しないこと。

(2)　自動車のエンジンがかかった状態では絶対に給油しない。

(3)　給油作業が終了するまで，当該従業員はその場を離れない。

(4)　給油作業中の従業員は静電気が人体に帯電しないように，電気の伝導性の悪い衣服を着用する。

［問 18］　ガソリンを取り扱う場合，通風，換気をする主な理由として，次のうち正しいものはどれか。

(1)　蒸気の滞留をふせぐため。

(2)　温度を下げるため。

(3)　湿度を下げるため。

(4)　静電気の発生をふせぐため。

［問 19］　油類を含んだ廃油の廃棄で，次のうち正しいものはどれか。

(1)　大量の場合は乳化して海に流す。

(2)　焼却する場合は安全なところで監視人を置いて少量ずつ行う。

(3)　多量の水に混ぜて下水に流す。

(4)　空地にまいて蒸発させる。

［問 20］　自動車ガソリンについて，次のうち誤っているものはどれか。

(1)　－10〔℃〕では引火しない。

(2)　蒸気は空気より重い。

(3)　水より軽く水に溶けない。

(4)　オレンジ色に着色されている。

［問 21］　軽油の性状として，次のうち誤っているものはどれか。

(1)　水に溶けない。

(2)　発火点は常温（20〔℃〕）より高い。

(3)　引火点は常温（20〔℃〕）より低い。

(4)　液比重は 1 より小さい。

［問 22］　灯油の取扱いについて，次のうち正しいものはどれか。

(1)　ガソリンが残っている容器に誤って灯油をいれた場合，ガソリンの量が灯油の量と同じか，それ以下であれば灯油として取り扱ってもよい。

(2)　灯油の引火点は常温（20〔℃〕）より高く，常温では引火しないので，繊維製品などにしみ込んだものを大量に放置しておいても，特に危険性はない。

(3)　取扱中にこぼれた灯油は，そのままにしておいても蒸発してしまうので安全である。

(4)　容器に収納された灯油は，通風のよい冷暗所に密栓して保管するのがよい。

［問 23］　重油の性状として，次のうち正しいものはどれか。

(1)　蒸発しやすい。

(2)　引火点は常温（20〔℃〕）より低い。

(3)　粘性のある液体である。

(4)　無色，無臭である。

［問 24］　灯油の性状として，次のうち誤っているものはどれか。

(1)　ガソリンより揮発しやすい。

(2)　引火点は常温（20〔℃〕）より高い。

(3)　水より軽い。

(4)　水に溶けない。

［問 25］　動植物油類の性状について次のうち正しいものはどれか。

(1)　水に溶けない。

(2)　衝撃，摩擦等により爆発しやすい。

(3)　常温（20〔℃〕）では固体のものが多い。

(4)　液体の比重は 1 より大きいものが多い。

丙　種　危険物取扱者試験
合格テキスト

◇◇◇

平成19年4月10日　第1版第1刷 発行
令和3年10月15日　第4版第1刷 発行

©著　者　資格試験研究会 編
発行者　伊藤 由彦
印刷所　株式会社 太洋社

発行所　**株式会社 梅田出版**
〒530-0003　大阪市北区堂島 2-1-27
TEL　06（4796）8611
FAX　06（4796）8612